기적의 항암버섯

아가리쿠스

기적의 항암버섯
아가리쿠스

－
초판 1쇄 2002년 3월 20일
개정 1쇄 2022년 4월 5일

－
편 저 자 윤실
발 행 인 손영일
디 자 인 장윤진

－
펴낸 곳 전파과학사
출판등록 1956. 7. 23 제 10-89호
주 소 서울시 서대문구 증가로18, 204호
전 화 02-333-8877(8855)
팩 스 02-334-8092
이 메 일 chonpa2@hanmail.net
홈페이지 www.s-wave.co.kr
공식 블로그 http://blog.naver.com/siencia

ISBN 978-89-7044-714-8 (03590)

기적의 항암버섯

아가리쿠스

윤실 편저

전파과학사

머리말

의학이 이토록 발전했지만 암이라는 병 앞에서는 속수무책으로 당하고 있다. 거의 매일 새로운 암 치료약이 알려지고 있으나, 아직도 암의 원인을 제대로 밝히기도 어렵거니와 치료법의 발전은 매우 느리다.

암에 걸려 절망적인 상태에 있던 환자가 특별한 이유도 모르게 기적적으로 완치되어 사회생활로 되돌아오는 놀라운 경우를 직접 보거나 이야기를 듣는다. 이것은 악화된 종양도 정상의 상태로 역행할 수 있다는 것을 확실히 증명하는 사건이기에, 암환자에게는 물론 암치료법을 연구하는 의학자들에게도 희망을 주는 일이다. 암환자에게는 자신도 암에서 완치될 수 있다는 확신을, 암 연구자에게는 암도 퇴치할 방법이 있다는 가능성을 확신케 하는 것이다.

버섯 속에 인체를 건강하게 지켜주는 강력한 항암력과 면역력을 가진 성분이 다량 포함되어 있고, 그러한 성분이 암뿐만 아니라 간염, 구내염, 고혈압과 당뇨, 각종 피부병과 알레르기병, 유행성 독감, 나아가 불치의 병이라는 에이즈, 에이즈보다 더 두렵다는 베세트병(Behcet's disease)까지 치료될 수 있다는 사실을 알게 되면서, 필자는 더 많은 분들이 이런 사실을 알고 암과 면역력 부족에 의한 여러 만성적 질병에서 해방될 수 있기를 바라게 되었다.

많은 종류의 식용버섯에 면역력을 강화시켜주는 성분이 함유되어 있다는 것을 알고 있는 사람이 아직은 드문 것 같다. 그리고 대개의 사람들은 설령 그런 말을 주변에서 듣더라도 흘려버리기 일쑤다. 암에 좋고 어디에 이롭다고 선전하는 만병통치 건강식이 너무나 많이 선전되고 있기 때문이다.

근년에 와서 세계적으로 식용버섯의 소비량이 부쩍 늘고 있다. 그것은 버섯의 독특한 맛과 다채로운 영양분 그리고 경제적인 재배기술의 발전 때문이기도 하지만, 그것이 암과 여러 가지 만성병을 고쳐주고 예방해주는 훌륭한 건강식품이라는 사실이 널리 알려진 탓으로 생각된다. 대개의 사람들은 건강식으로서 버섯이 얼마나 훌륭한 식품인지에 대해 별다른 지식을 갖고 있지 않고 있다. 만일 누구라도 버섯이 왜 진정한 건강식품으로 각광받고 있는지 그 이유를 알게 된다면, 하루도 거르지 않고 버섯을 식탁에 올리도록 노력할 것이다.

버섯재배기술이 발전하여 공정화된 대규모 시설에서 대량생산하게 되면서 식용버섯은 야채값 정도로 싸졌다. 버섯이 비싸지 않다는 것은 소비자 입장에서 다행한 일이다. 필자는 항암버섯으로 잘 알려진 아가리쿠스버섯을 재배하는 친구의 농장에서 이 버섯에 관련된 놀라운 사실들을 알게 되면서 자신도 버섯 애호가가 되었으며, 끝내 이 책까지 집필하게 되었다.

이 책에서는 여러 종류의 버섯 가운데 항암성분이 특히 많아 각광을 받는 브라질 원산의 아가리쿠스버섯에 대한 내용을 주로 다루었다. 또한 한국인이 평소 즐겨 먹는 표고버섯과 구름버섯을 비롯하여 약용버섯으로 잘 알려진 영지버섯이나 상황버섯의 항암효능에 대해서도 일부 소개했다.

아가리쿠스버섯의 원산지는 브라질이지만, 이 버섯에 대한 의학적 연구와 그 활용에 있어서는 일본이 가장 앞서 있다. 이 책에 실린 내용의 일부분은 항암버섯에 대한 여러 일본서적에서 얻은 것이다. 특히 시즈오카(靜岡)대학의 미즈노 다카시(水野卓) 교수와 저술가인 니시자키 히토에(西崎等惠)씨, 의학자 야스히로 코마츠 박사가 쓴 책들은 크게 도움되었다. 이 책은 전문적인 이야기나 용어는 피하고 일반인들이 쉽게 이해하도록 서술하려고 노력했다.

서점에 가면 암을 치료할 수 있다는 민간요법, 대체의학 요법을 소개하는 책이 수없이 나와 있다. 이들 치료법에서 공통적으로 주장되는 내용이 있으니 그것은 '면역력 활성화 또는 강화로 암을 극복한다'는 것이다. 사실 수많은 사람이 선천적으로 면역력이 약하기 때문에, 아니면 살아오는 동안 어떤 이유로 면역력이 쇠약해져 암에 걸리고 암을 이기지 못하는 위기를 맞고 있다. 그래서 병원에서 암을 치료하는 방법 역시 면역력을 강화시키는 온갖 요법을 쓰는 것이다.

이 책은 아가리쿠스라는 버섯을 복용하여 암을 극복하고 면역력을 강화시킨 환자들의 사례를 중심으로 하여, 이 버섯을 효과적으로 먹는 방법에 대해 중점적으로 소개하고 있다. 이 버섯을 차로 끓여 먹었을 때, 효과를 보는 사람은 2주일 늦어도 1개월 이내에 자신이 호전되고 있다는 것을 느끼고 있다.

암이라는 절망적인 병을 선고받으면 누구라도 가능한 모든 방법으로, 막대한 병원비를 감당하고라도, 낫기만 한다면 치료받으려 할 것이다. 독자 중에는 아가리쿠스 버섯에 대한 신뢰가 쉽게 가지 않는 분이 많을 것이다. 그러나 건조시킨 아가리쿠스의 시중 가격은 1kg에 30만 원 정도이고, 이 정도 양이면 3~5개월 먹을 수 있으므로, 버섯의 효과에 대해 의심이 가더라도 속는 셈치고 시도해보기를 바란다.

지금 사람들은 어느 때보다 암을 조심하면서 살아야 할 시대를 살고 있다. 황폐화된 지구 환경 속에서, 또한 갈수록 심각해지는 사회생활의 정신적 압박 아래에서 암이나 여러 만성질병으로부터 자신을 잘 지켜 의사와 약의 힘을 되도록 적게 빌리면서 살기 위해서는, 아가리쿠스와 같은 항암버섯을 평소 즐겨 먹을 충분한 이유가 있다는 점을 알게 되기를 바란다.

목차

제1장

항암효과를 가진 유명 버섯들

항암효과가 큰 버섯으로 가장 잘 알려진 것이 5, 6가지 있다. 그것
은 아가리쿠스버섯, 영지버섯, 구름버섯, 표고버섯, 상황버섯, 동충
하초 등이다.

현대인의 심한 스트레스와 공해도 암을 유발한다

21세기를 맞았다. 인류에게 풍요와 안락(安樂)을 가져 온 지난 100년 간의 과학기술 발전은 한편으로 자연환경과 음식물을 오염시킴으로써 새로운 형태의 질환으로 인류의 건강을 위협하는 결과를 초래했다. 황폐화된 하늘과 땅은 수십억 년을 지켜온 조화를 잃어버려 천재지변이 끊이지 않는다. 갈수록 복잡해지는 인간사회는 견디기 어려운 각종 스트레스를 만들고 있다. 이런 생활과 사회 환경 속에서 인류는 과거에 드물었던 암, 고혈압, 당뇨, 간염, 류머티스, 알레르기, 베세트병 증후군, 정신질환, 에이즈 그리고 환경호르몬에 의한 생식장애와 싸우게 되었다.

인체는 물론 모든 생명체는 본래 병에 잘 저항하도록 짜여져 있다. 그러나 대부분의 현대 사람은 생활 속에서 받는 강도 높은 스트레스와 심각한 공해 요소들 때문에 건강을 제대로 유지하지 못하게 되었다. 특히 암을 비롯한 순환기계 및 소화기계의 병이 갈수록 늘어나는 것은 참으로 두려운 일이다.

근년에 와서 건강식품이 붐을 이루고 있다. 건강식의 주체는 농약, 화학조미료, 인공색소, 공해물질 등이 첨가되지 않은 자연 그대로의 식품을 먹도록 노력한다는 것이다. 거기에는 충분한 이유가 있다. 오늘날 도시인이 슈퍼마켓에서 사는 야채라든가 과일은 대부분 깨끗하고 잘 다듬어져 있다. 벌레 먹은 잎이 붙은 야채를 산다는 것은 별로 기분 좋지 않을지 모른다. 그러나 그런 말끔한 야채와 과일은 농약의 보호 속에서 자란 것이 대부분이다. 그래서 이를 두고 어떤 사람은 '농약 범벅이 된 야채와 과일을 먹는다'고 말하기도 한다.

육류와 생선은 어떤가? 정육점의 육류들은 태반이 외국에서 들어온 것이거나, 아니면 우리가 알지도 못하는 강력한 농약이나 항생제가 섞인 사료로 키운 것이다. 초식동물에게 동물사료를 먹여 키운 결과로 발생하게 되는 소의 광우병은 세계가 두려워한다.

생선이란 것도 지금은 인공양식한 것이 너무 많다. 양식업자들은 물고기가 병에 걸리지 않도록 항생제가 포함된 사료로 기른다. 양식어 중에는 기형어도 많은 모양이다. 시장의 생선은 대부분 머리를 자르고 잘 포장된 상태로 팔고 있으므로 소비자들은 이것저것 따져 알아보기도 어렵다. 제한된 좁은 공간 속에서 사람이 주는 사료를 먹고 자란 물고기보다 대양을 누비며 살던 물고기가 더 맛있고 건강에 좋을 것은 당연하다.

건강식품은 세 가지 기능을 가졌다

"깨끗한 환경에 좋은 건강이 깃들인다"는 말은 오래된 진리이다. 대기오염, 수질오염, 삼림파괴, 오존층 구멍, 산성비 따위의 환경용어를 우리는 매일 듣고 산다. 도시인들은 거리를 다니면서 자동차 엔진이 몇 번이고 들여마셨다가 배출한 공기를 숨 쉬고 있다. 말하자면 자동차 배기관에서 나오는 공해물질로 가득한 매연가스를 들이키며 살아가는 것이다.

공장폐수와 가축 분뇨로 오염된 물은 온갖 약품을 집어넣어 강제로 살균 정화하고 있다. 우리는 그러한 물을 어쩔 수 없이 그대로 이용하며 살아가야 하게 되었다. 가정으로 배송(配送)되어 오는 수돗물이 의심스러워, 사람들은 상업용 생수를 주문하여 먹고 있고, 또 많은 사람은 정수기라는 거추장스런 장치를 수도에 연결하여 집안에서 다시 한 차례 걸러서 이용하고 있다. 생수 시장, 정수기 시장이 큰 사업이다. 그러나 생수나 정수기도 때로는 의심받는다.

길거리만 아니라 실내도 먼지투성이다. 집안의 카펫이나 커튼, 이불 등의 먼지 속에는 진드기라는 눈에 잘 보이지도 않는 작은 곤충이 대량 살고 있다. 진드기에게는 인체 피부에서 떨어지는 노화피부세포가 식량이 된다. 진드기 중에는 어찌나 작은지 종류에 따라 인체의 털구멍 속에 들어가 사는 것도 있다. 문제는 이들 진드기가 배설하는 물질이라든가 진드기 자체가 알레르기 환자를 발생시키는 중요 원인이 된다는 것이다.

우리 둘레에는 화학약품도 무수하다. 비누라든가 화장품, 살충제, 접착제, 페인트, 건축자재 등에 포함된 물질 종류만 해도 얼마나 많은가! 요즘 와서 이런 진드기라든가 낯선 화학물질이 원인인 천식증세, 눈의 충혈과 눈물 콧물, 비염, 두드러기, 피부염 등의 알레르기 현상과 아토피 피부염 등이 자주 사회문제가 되고 있다.

최근에는 환경호르몬이란 것이 심각한 문제가 되고 있다. 특수한 오염물질들이 생명체의 성호르몬과 닮은 작용을 하여 성생리, 생식기관 및 내분비 순환계에 이상을 일으켜 암수 생식기를 동시에 가진 물고기가 태어나게 한다거나 수컷이 암컷으로 변하는 성전환이 일어나게 하거나, 기형 생식기관을 가지고 태어나거나, 남성의 경우 정자 수가 줄어들게 하는 등의 현상을 일으키고 있다는 것이다. 이러한 환경 호르몬은 인간만 아니라 다른 동물의 생식기능에도 장해를 일으켜 종족 유지를 어렵게 만든다.

이런저런 나쁜 환경들은 인체를 조금씩 갉아먹어 간다. 오늘날 건강식품산업이 이처럼 확대된 것은 지나치게 오염된 오늘의 환경으로부터 자신의 건강을 조금이라도 잘 지키려는 마음에서 나온 결과이다.

어깨 결림, 두통, 신경통, 위장병, 고혈압 등으로 장기간 고생하는 사람들 중에는 그 증상을 개선하는 방법으로 건강식을 먹는 분들이 많다. 자유롭게 휴식시간을 가질 수 없고, 병원 가기도 여의치 않아 건강식품이라도 먹어 불균형한 식생활을 보완, 고통에서 조금이라도 벗어나려는 생각일 것이다.

일반적으로 건강식품이라 하면 크게 나누어 자연식품, 건강식품, 기능성식품 3가지가 있다. 자연식품에는 농약을 쓰지 않고 재배한 채소와 과일, 현미 그리고 해조(海藻) 등이 포함된다. 그리고 건강식품은 인삼, 로열젤리, 영양 드링크제, 유산균 음료, 비타민C를 넣은 과자류 그리고 비타민과 칼슘 등을 첨가한 영양보조식품, 섬유식품, 무설탕 감미료, 각종 다이어트 식품 등을 말한다. 세 번째 기능성식품이란, 병을 치료하거나 예방하기 위해 먹는 식품이다. 예를 들면 버섯, 해조, 클로렐라(단세포의 하등녹색식물 일종) 등에 포함된 유효성분을 강화시킨 가공식품이 여기에 속한다.

보릿고개를 염려하던 과거시대에는 건강식이라는 말조차 없었다. 그러나 너도나도 건강식품을 찾게 되면서 몸에 좋다는 식품이 시장에 범람하고 있다. 거리를 다니다 보면 건강식품점이 의외로 많다. 이토록 건강식 산업이 확대되고 있다는 것은, 그런 음식물을 먹지 않고는 온전하게 살아갈 자신을 잃었기 때문일 것이다. 그리고 건강식품에 의지하는 사람이 늘어난다는 것은 효과를 보고 있다는 증거이기도 하다.

"건강을 잃기 전에는 건강의 중요성을 실감하지 못한다"고 한다. 또 "건강은 건강할 때 지켜야 한다"라고 말한다. 틀림없는 건강 교훈이다.

상승일로 하는 버섯에 대한 평가

여러 식품 중에서 자연식품, 건강식품, 기능성식품 이 세 가지 조건을 전부 갖추고 있는 것이 식용버섯이다. 식용버섯은 3대 영양소와 비타민 및 미네랄 성분을 풍부하게 포함한 영양식품이며, 맛이 좋은 기호식품이다. 여기에 더하여 생체기능을 확실하게 강화하고 조절해주는 성분이 가득 담긴 훌륭한 건강식품이다. 버섯에 대한 평가가 날로 높아지는 이유가 충분히 있다. 그 대답에 앞서 버섯이란 어떤 생물인지 잠시 알아보는 것이 좋겠다.

생물의 세계는 동물, 식물 그리고 미생물로 이루어져 있다. 여기서 버섯이 속하는 곳은 하등식물이지만 미생물에 가깝다. 식물과 동물이 죽으면 그 사체(死體)는 무기물로 분해되어 흙으로 돌아간다. 이 과정에서 동식물 사체를 분해하는 것이 세균(박테리아), 곰팡이, 버섯 등의 미생물이다.

학자들은 빵이나 메주 등에 피어나는 곰팡이, 발효작용을 하는 효모(이스트) 그리고 죽은 나무나 퇴비에 잘 자라나는 버섯류를 통틀어 균류(菌

類)라 부른다. 이들에게는 엽록소가 없어 광합성을 하지 못하기 때문에 죽은 생물을 분해(부패)시켜, 그 과정에 생기는 물질을 그들의 영양과 에너지원으로 섭취하여 성장하고 번식해 간다. 그래서 이런 부패 기능을 가진 미생물을 부생생물(腐生生物)이라 부르기도 한다.

잘못 생각하면 부생생물이란 인간에게 불이익을 주는 생명체로 생각되기 쉽다. 그러나 만일 부생생물이 없다면 이 세상은 온통 죽은 동식물의 사체로 가득하게 될 것이다. 부생생물들은 단단한 나무와 동물의 뼈까지 매우 효과적으로 분해한다. 그들은 분해를 위해 유독한 화공약품을 쓰지 않고, 셀룰라제(섬유소 분해)를 비롯하여 여러 가지 강력한 분해효소를 분비한다. 효소는 그 종류가 매우 다양하다. 효소의 영향으로 술이 빚어지고 메주가 되고 맛있는 김치도 만들어진다.

학술적으로 부생생물의 분해과정이 인간생활에 유익한 결과를 주게 되면 그것을 발효(醱酵)라 하고, 그렇지 않고 썩어버리면 부패라고 한다. 과학자들은 이들 부생하는 미생물들로부터 수많은 종류의 효소를 추출하여 소화제를 비롯한 각종 화학제품과 식품 및 의약품을 생산하고 있다.

한편 곰팡이, 버섯 등의 부생생물도 살아가자면 고등동식물과 마찬가지로 그들 사이에 생존경쟁이 벌어진다. 그래서 어딘가에 포자가 떨어져 균사가 자라나오기 시작하면, 먼저 발아하여 자리 잡은 균사는 다른 균이 옆자리에 끼어들어 퍼지기 전에 세력권 확보를 위해 강력하고 확실한 방법으로 타종의 생물을 배척하는 물질을 분비한다. 그것의 하나가 세균(박테리아)를 죽이는 항생물질(페니실린 등)이다.

버섯이 자라면서 생성해내는 물질 속에도 그러한 항생제가 여러 가지 들어 있다. 이런 물질들을 연구하여 인체의 건강을 지원하는 귀중한 약품을 개발한다는 것은 매우 중요한 연구과제이다. 그러나 과학자들은 세균이 분비하는 항생물질에 대해서는 적극 연구해왔지만, 버섯에 대해서는 지금까지 큰 관심을 갖지 않았다.

버섯은 5천 년 전에도 먹던 식품

퇴비라든가 낙엽, 죽어 넘어진 나무를 효과적으로 부식시켜 자연 속으로 환원시켜주는 버섯은 21세기에 와서야 의학자와 약학자 그리고 영양학자들에게 중요한 연구 대상이 되었다. 역사적으로 로마 황제 클라우디

베어낸 나무 그루터기에 자라는 버섯. 버섯은 나무의 리그닌과 셀룰로스를 분해하는 효소를 내어 그루터기의 영양을 자연으로 되돌린다.

우스(BC10~AD54)와 교황 클레멘트 7세는 광대버섯류에 속하는 독버섯으로 살해되었다. 알제리아의 타실리 동굴에서는 5천 년 전에 살던 인류가 그려둔 버섯 벽화가 발견되었다. 이 벽화의 버섯은 춤추는 마법사의 모습으로 그려져 있다.

그리고 지난 1991년 알프스 산에서 등산가에 의해 우연히 발견된 5300년 전의 '얼음인간'은 버섯(birch polypore)을 지니고 있었다. 이 버섯은 불을 피울 때와 상처 치료에 쓰여온 것이다. 또 중앙아메리카 과테말라에서는 기원전 3세기에 제작된 버섯조각품이 발견된다. 이런 것을 보면 인류는 아주 오랜 옛날부터 버섯을 중요시해온 것으로 판단된다.

과거에는 버섯을 자연 속에서 채취해 먹었지만, 100여 년 전부터 인공재배기술이 발달하여 계절에 관계없이 식탁에 올릴 수 있게 되었다. 버섯의 먹는 부분(갓과 자루)을 보고 자실체(子實體)라 부르는데, 자실체는 꽃에 비유할 수 있는 버섯의 생식기관이다. 버섯의 구조를 크게 구분해보면, 맨눈에는 보이지 않을 정도로 가늘고 긴 실과 같은 균사와, 갓 형태의 자실체로 구성되어 있다. 버섯에서 식용이 되는 부분은 자실체이고, 이 자실체를 키워내느라 나무나 흙, 또는 퇴비 속에서 한없이 길게 자란 것이 균사(菌絲)이다.

한 가닥의 균사는 현미경으로 보아야 확인할 수 있을 정도로 가느다라며, 이들은 여러 갈래로 가지를 치고 있다. 버섯 균사와 곰팡이 균사는 형태적으로 거의 다르지 않다. 버섯 균사는 무성하게 자라다가 적당한 환경을 만나면 자루와 갓 형태를 가진 자실체를 만들게 되고, 그 갓 아래의 주름 속에 수천 만개의 포자를 매달게 된다.

작고 가벼운 이 포자가 바람 따라 공중을 날아다니다가 어딘가에 자리 잡아 발이하게 되면, 다시 균사를 뻗어 자라게 된다. 실제로 버섯은 일생의 대부분을(몇 달 또는 몇 해) 균사 상태로 지내며, 자실체를 만드는 기간은 며칠 정도로 아주 짧다. 이 시기가 버섯 수확기이다.

지구상에 생존하는 버섯의 종류는 약 1만 종이라 하지만, 3천 종 정도가 실제 밝혀져 있고 나머지는 아직 잘 모르는 종들이다. 식용으로 이용되는 것은 이 중에서도 극히 일부이다. 버섯 중에는 사람이 먹으면 환각 증상을 일으키는 종류가 있는가 하면, 독성을 가진 것도 수십 종 있다. 그러나 사람이 죽을 정도로 맹독을 가진 버섯은 세계 전체에 10여 종뿐이다. 일반적으로 독초가 약초가 되듯이, 여러 가지 독버섯은 예로부터 생약으로도 쓰여 왔다.

오늘날 저개발국가를 제외한 대부분의 국가 사람들은 영양이 너무 가득한 음식을 무제한 먹는 포식시대(飽食時代)를 살고 있다. 포식과 과식은 의미에 차이가 있다. 과식은 한 번에 너무 많은 양의 음식을 먹어 위장에 부담을 주는 것이다. 그러나 과영양식(過營養食)을 하는 포식은 과체중이나 기타 성인병을 일으켜 건강을 해치는 원인이 된다. 그런데 버섯의 영양적 성분과 영양가를 보면, 포식으로 건강을 위협받는 사람들이 반가워할 정보를 발견하게 된다.

버섯은 우선 저칼로리 식품이다. 향과 맛이 있고, 여기에 더해 독특한 씹는 즐거움을 주는 음식이다. 보기와는 달리 버섯은 단백질이 풍부하다.

종류에 따라 다르지만 일반적으로 당질(糖質)이 40~70%이고, 그 다음으로 단백질이 20~50% 차지한다. 이 외에 지방질, 섬유질, 회분 등이 풍부하게 들어 있다.

단백질 함량만 보면, 잡채요리에 잘 나오는 구름버섯(운지버섯)은 41%, 양송이는 48%, 느타리버섯은 34%, 팽나무버섯(팽이)은 26%, 표고버섯은 23%가 들어 있다. 이들 수치는 물론 수분을 제외한 건버섯에 포함된 비율을 말한다. 반면에 버섯의 지방질 함량은 1~12% 정도로 아주 조금뿐이다. 따라서 버섯은 비대한 사람에게 좋은 다이어트식품이 된다.

당질(탄수화물) 함유량을 보면, 솔방울버섯은 70%, 운지버섯은 62%, 팽나무버섯 52%, 표고버섯 59%가 포함 되어 있다. 또 섬유질은 운지버섯이 16%, 솔방울버섯 13% 등으로 대개 7~16%를 차지한다. 이 외에 인, 칼륨, 칼슘, 나트륨, 철분 등이 들어 있다. 특히 버섯의 경우 비타민 B1과 B2 그리고 비타민D가 많다.

항암효과를 내는 버섯의 중요한 성분들

버섯이 각광받게 된 것은 다이어트식으로 적당해서가 아니라 항암식품으로 놀라운 효능을 가지고 있다는 것이 알려졌기 때문이다. 우리가 즐겨 먹는 식용버섯은 종류를 가릴 것 없이 모두가 여러 약리효과를 내는 성분을 함유하고 있다. 그들은 인체의 면역기능을 강화하며, 혈압이라든가 혈당치 등을 높지도 않게 일정하게 유지시키는 생체 항상성(恒常性)을 조절하는 동시에, 생체리듬 조절, 빠른 질병회복 기능, 기타 심장병 같은 성인병을 방지 개선하는 효과를 보여주고 있다. 그 외에도 버섯에는 탈콜레스테롤, 고지방혈장 개선, 혈관 속에서 일어나는 혈액응고 사고를 방지하는 항혈전(抗血栓) 기능, 혈당강하, 각종 피부병 치료, 노인성 치매증 개선 등에 효과가 있는 성분이 포함되어 있다는 사실이 계속 알려지고 있다.

버섯의 여러 성분 중에서 가장 주목받고 있는 것이 베타-디-글루칸(줄여서 베타-글루칸)이라는 물질이다. 거의 모든 버섯에서 발견되는 이 물질은 우리 몸에 생긴 종양(암조직)을 없애고, 또 암조직이 증식하는 것을 억제하는 효과를 나타내는 것으로 알려져 있다.

베타-디-글루칸 외에 영지버섯에서 추출되는 테르페노이드류, 노루궁둥이버섯류와 아가리쿠스버섯에 포함된 스테로이드류가 강한 항암 활성을 가진 것으로 알려져 있다. 또 영지 버섯에는 게르마늄이 대량 함유되어 있다. 버섯 속의 게르마늄은 제암(制癌) 효과와 동시에 암환자의 심한 고통을 완화시켜주는 진통작용이 있다고 알려져 있다.

버섯 속에 여러 가지 항암성분이 있다는 것이 알려지면서 버섯 자체에서, 또는 균사를 대량 키운 균사덩이에서, 아니면 버섯을 재배한 배양액(또는 배지)에서 항암성분을 생산하기에 이르렀다. 대표적인 것이 구름버섯이나 상황버섯의 균사, 표고버섯의 자실체, 치마버섯(Schizophyllum)의 배지에서 얻고 있는 항암성분들이다. 이 외에 버섯의 세포벽 성분의 하나인 키틴질(키틴과 키토산)과, 키틴질에서 이끌어낸 물질(유도체)들도 항종양

성질과 각종 세균감염증을 예방하는 작용이 있는 것으로 밝혀져 신약으로 개발되고 있다.

버섯의 성분을 화학적으로 분석하면 많은 종류의 복잡한 화학성분이 분리된다. 그 가운데 항암과 제암 및 각종 성인병에 대한 치료효과가 있다고 생각되는 성분들의 약리작용에 대해 소개한다.

1. 아가리쿠스버섯을 비롯한 여러 버섯에 포함된 '베타-디-글루칸'이라는 화합물은 분자가 큰 탄수화물의 일종이다. 이 물질은 인체의 면역력을 증강시키며, 염증을 치료하는 효과가 있다.

2. 헤테로갈락탄이라는 단백질은 항염증 작용 외에 항알레르기 작용이 있다.

3. 가노데란(ganoderan A,B,C) 단백질 복합체는 쥐실험에서 혈당치를 내리는 작용이 있다고 알려졌다.

4. 영지버섯 추출액으로 토끼, 개, 개구리 등의 심장 기능을 조사한 결과 강심작용이 발견되었다. 그러나 강심효과를 가져오는 물질이 어떤 것인지는 아직 분리하지 못하고 있다. 볼바리엘라버섯(Volvariella)에서 얻은 활성단백질 볼바톡신(volvatoxin)과 팽나무 버섯의 플람톡신(flamtoxin)도 강심작용을 가졌다.

5. 버섯 추출액에는 혈압을 내리기도 하고 높이기도 하여 일정하게 유지토록 하는 성분이 들어 있다. 영지버섯에 함유된 테르페노이드 성분인 가노데린산과 가노데롤 A,B 등은 혈압을 올리는 효소의 작용

을 억제한다고 알려졌다. 그리고 펩티드 글루칸과 푸코푸룩토 글루칸 같은 고분자 성분도 혈압 조절을 한다.

6. 표고버섯에서 뽑아낸 에리타데닌(린티나신, 렌티신이라고도 불림)은 토끼 혈액 속의 콜레스테롤과 지방질 양을 줄여주는 작용이 있으며, 동시에 혈압강하작용도 하는 것으로 알려졌다.

7. 방패버섯류에서는 혈액 속의 콜레스테롤치를 내려주는 글리폴린과 네오글리폴린이라는 성분이 발견되었다. 콜레스테롤은 지방질 닮은 물질로서, 이것이 혈액에 많으면 고혈압이 되고 적으면 빈혈이 된다.

8. 영지버섯에서는 혈액응고를 막아주는 물질이 발견되었다. 그리고 표고버섯에서 뽑아낸 렌티나신, 디옥시렌티나신, 5-AMP, 5-GMP도 강력한 항혈전 작용을 가지고 있다. 항혈전작용이란 응고된 피가 혈관을 막아 심장마비를 일으키는 것을 미연에 막아주는 것이다.

9. 표고버섯의 포자에서는 인플루엔자 바이러스에 대한 저항력을 높여주는 당단백(糖蛋白)이 발견되었다. 표고버섯에서 얻은 베타-D-글루칸이나, 표고버섯 균사가 자라고 있는 배지(배양액)에서 분리한 리그닌 성분이 결합된 당단백 복합체는 에이즈 바이러스의 증식을 억제하는 효과가 있음이 알려져 있다.

10. 뇌를 이루는 신경세포의 장해로 인한 치매증은 두려운 노인증상이다. 신경세포의 기능을 높여주는 신경성장 촉진물이 여러 버섯 자실체에서 발견되고 있다. 고령화로 인해 치매증 환자가 늘어나는 사회에서 이러한 치매치료 물질을 연구한다는 것도 중요한 일이다. 그

러나 치매는 개선이나 치유가 불가능하여 스스로 건강할 때 조심하는 것이 최선이다.

11. 고혈압이 된 쥐에게 운지버섯을 먹인 실험에서, 혈액중의 콜레스테롤치와 중성지방, 혈당치, 뇨당치(尿糖値)가 감소되고 동시에 혈압강하작용이 나타났다. 쥐 먹이에 운지버섯 가루를 20%나 대량 섞어 먹인 실험에서는 비만억제효과가 있었다. 이런 효과를 주는 물질은 분자량이 수만 정도인 단백질이다. 이 단백질은 간 기능을 활발하게 하고, 열 발산을 좋게 하며, 지방 대사를 원활하게 하고, 열 발산을 좋게 하며, 지방 대사를 원활하게 하는 것으로 믿고 있다.

12. 변비와 치질을 없애려면 섬유소가 많은 야채를 충분히 먹도록 권한다. 인체에는 식물의 섬유질을 소화할 효소가 없다. 그러므로 섬유질은 먹더라도 영양이 되지 못하고 그대로 배설된다. 버섯에는 섬유

①-베타-D-글루칸   ②-에리타데닌

버섯에 포함된 항종양 성분의 화학구조

질이 대량(건버섯의 10~50%) 포함되어 있으며, 이것은 장내에 들어온 발암물질과 콜레스테롤을 흡착하여 장내에 들어온 발암물질과 콜레스테롤을 흡착하여 장내에 오래 머물지 않고 함께 빠져나가는 작용을 함으로써, 소화기간 내에 암이 생길 요인을 효과적으로 예방하는 작용을 한다. 동시에 이러한 효과는 심한 변비를 순화시켜주기도 한다.

13. 버섯에서는 위에서 말한 물질 외에 여러 가지 항생 성분을 비롯하여 렉틴, 효소, 발광물질(발광버섯에 존재), 버섯발생유인물질, 화분관(花粉管)의 생장을 억제하는 헤리세린(hericerin)이라는 물질 등이 발견되고 있다. 팽나무버섯의 성분인 프람톡신은 강심작용이 있다. 이들 모두가 앞으로 연구해야 할 성분들이다.

버섯에서 발견된 중요한 약효물질의 효능을 소개했다. 그러나 현재 버섯에 대한 의학적 연구는 거의 전무하다고 할 정도이다. 건강식품으로 버섯의 중요성을 알게 된 역사가 짧아 그에 대한 연구자가 적기도 하려니와, 연구란 시간이 많이 걸리는 일이다.

버섯산지의 주민은 암을 모른다

일본에서 버섯이 항암식품으로 유난히 각광받게 된 데는 충분한 이유가 있다. 일본인은 평균수명이 남자 76.57세, 여자 82.98세로(1994년 통계) 세계에서 가장 높다. 그러나 1995년 이후로 평균수명이 더 늘지 않고 오히려 조금 줄었다. 그 이유의 하나가 암 발병자와 그로인한 사망자가 증가한 탓이라 보고 있다.

암을 극복하려면 일찍 발견하여 조기 치료하는 것이 최선이다. 암이 발견되었다고 하면 이미 치료시기가 늦은 것이다. 사람이 암에 걸리지 않고 건강하게 지내려면, 근본적으로 암이 생겨나지 않도록 평소에 주의하며 사는 것이 이상적이다. 즉 암세포가 생겨 건강한 세포를 침식하기 전에 암세포의 활동을 억제하는 예방책이 있다면 그것이 최선일 것이다.

버섯이 건강에 좋다는 것은 우리만의 이야기가 아니다. 중국, 일본, 러시아, 미국, 개나다 등에도 항암작용이 있는 버섯이 예로부터 알려져 있었다. 노벨문학상을 수상한 러시아의 소설가 솔제니친의 소설 '암병동'에는 암환자가 버섯을 먹고 자연치료하는 내용이 들어있다.

일본 나가노겐 나가노시(中野市)는 팽나무버섯 재배단지로 유명하다. 흥미 있는 것은 보건 관계자들이 각 지방민의 건강상태를 알아보는 면역학조사(免疫學調査) 중이 지방 농민들의 암 발생률이 다른 지역에 비해 훨씬 낮다는 결과가 나온 것이다. 그 원인을 여러 가지로 분석한 결과 나가노 지역 농민들이 평소 많이 먹어온 버섯에 특별한 건강성분이 포함되어 있기 때문이라고 추정되었다. 버섯에서 항암제를 찾아내려는 연구는 일본에서 일찍 시작되었다. 지금까지 개발된 항암제로서 일본 후생성인가를 얻고 있는 약품에는 3가지가 있다. 첫째는 1971년에 처음 발견되어 1977년부터 발매된 구름버섯의 균사에서 뽑아낸 크레스틴(PS-K)이라 명명된 물질이다. 분자량이 10만 정도인 크레스틴은 약 38%의 단백질을 포함하고 있으며, 그것의 중요 성분이 바로 베타-D-글루칸이다.

둘째는 표고버섯에서 순수하게 뽑아낸 렌티난(Lentinan)이란 이름의 주사제이다. 렌티난은 몇 개의 회사에서 개발하여 1985년부터 위암에 효과가 있는 주사약으로 활용하고 있다. 표고버섯의 학명 Lentinusedodes에서 따온 렌티난은 쥐의 암세포인 사르코마-180에 대해 강한 항암작용을 나타낸다. 하지만 렌티난은 주사로는 약효가 있지만 입으로 먹으면 효력을 나타내지 않는다. 먹어서 효과가 난다면 다행이지만, 그런 약은 흔치 못하다.

세 번째로 느타리버섯 일종에서 얻는 시조필란(Shizophillan)이 있다. 이 물질은 버섯 배양액에서 추출한 것으로서, 주성분 역시 베타-D-글루칸이다. 1986년에 처음 개발된 시조필란은 자궁경부암에 효과를 내는 주사약으로 이용되고 있다. 이것은 느타리버섯의 일종인 치마버섯(Schizophyllum commune)을 액체 배양기에서 키운 뒤 그 배양액에서 뽑아낸다.

그러면 보잘것없는 버섯이 왜 이렇게 귀중한 물질이 포함되어 있으며, 그 물질들은 어떤 이유로 버섯이 아닌 인체 안에서 항암작용을 하게 되는 것인가? 버섯의 항암성분은 버섯 자체가 다른 곰팡이나 버섯 또는 세균의 침입을 막기 위해 분비하는 자기방어물질이다. 그러니까 '버섯의 항생물질'이라 하겠다. 그러나 이런 물질이 왜 인체에서 항암효과를 내는지에 대한 정확한 대답은 앞으로 찾아내야 할 연구과제이다. 항암효과가 큰 버섯으로 가장 잘 알려진 것이 5, 6가지 있다. 그것은 아가리쿠스버섯, 영지버섯, 구름버섯, 표고버섯, 상황버섯, 동충하초 등이다.

예로부터 이름난 영지버섯의 약효

일반적으로 영지(靈芝)로 불리는 이 버섯(학명 Ganodermaluchidum)은 자연산이 아주 귀하고 그 약효가 신비하다고 전해왔다. 산야에서 채취하면 공중으로 보냈다는 이 버섯이 건강식품 붐을 타고 인기를 얻게 되자, 약품개발 소재로서 연구되기 시작했다.

오늘날에는 건강식품점이나 약재상에서 인공 재배한 영지를 얼마든지 구할 수 있다. 찻집에서도 영지차를 팔고 있으며 제약회사는 영지 드링크제를 제품화했다. 오늘날의 영지버섯은 모두 인공 재배한 것으로 보인다. 영지버섯은 같은 종균으로 재배한다 하더라도 재배장의 온도, 습도, 광선, 탄산가스 농도 등의 환경 차이에 따라 자실체 모양이라든가 색깔, 육질(肉質), 쓴맛 등이 다르다.

영지버섯의 인공재배법은 1970년대에 일본에서 개발되었다. 오늘날 영지버섯은 나무나 톱밥을 배지로 하여 질 좋은 것을 대량생산하고 있다.

영지버섯의 항암성분 주체는 역시 베타-D-글루칸이다. 이 외에 영지에서는 학자들도 생소한 여러 물질이 들어 있으며, 이들 각종 화학성분은 복합적으로 작용하여 면역성 강화, 혈압강하, 혈당치 강하, 탈콜레스테롤, 항혈전작용, 간염 치유, 스테미너 강화(强?) 등의 효과를 낸다.

영지버섯의 특징은 다른 버섯에서 볼 수 없는 강한 쓴 맛이다. 이 쓴맛

일찍부터 항암버섯으로 알려진 영지버섯은 건강식품점에서 쉽게 구할 수 있다.

은 트리테르페노이드라는 물질이며, 이것은 항알레르기작용, 항히스타민 작용, 항고혈압작용을 한다고 알려져 있다.

영지버섯에서 혈압조절작용을 하는 성분은 펩티드글리칸이다. 한편 이 버섯에는 인삼에 많이 들어 있다는 게르마늄이 포함되어 있다. 게르마 늄은 암세포와 바이러스에 대항하는 인테페론이 잘 생겨나게 하는 작용 이 있으며, 또 말기에 이른 암환자의 고통을 완화시켜주는 작용도 하는 것으로 알려져 있다. 영지버섯은 여러 형태로 가공 보급되고 있다. 말린 영지나 가루로 된 영지버섯을 가지고 차 끓이는 방법은 다음과 같다.

1. 모양이 좋고 쓴맛이 강한 영지를 구해 0.5~1cm 크기로 쪼갠다.
2. 영지 25그램을 물 400ml(cc)에 넣고 3~5분간 끓여 그 액을 다른

그릇에 담는다.

3. 남은 버섯에 다시 200ml의 물을 넣어 3~5분 재탕한 액을 2번 액에 부어 한데 모은다.

4. 같은 방법으로 3탕하여 얻은 액을 모두 한 그릇에 모아 냉장고에 보관한다.

5. 이렇게 얻은 액을 하루 2~3회 공복 때, 매회 60~100ml씩 마신다.

6. 영지 100~300그램을 20~30일 동안 먹으면 정량이다.

7. 영지차를 끓일 때 대추를 넣어도 좋다.

맛을 자랑하는 운지버섯도 항암버섯

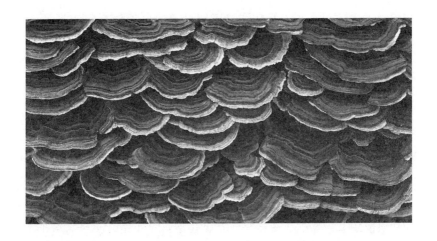

맛이 좋기로 이름난 구름버섯(운지버섯)에서는 항암성분인 크레스틴을 추출하고 있다.

항암효과, 혈압강하작용, 변비치료, 비만억제 등의 효과가 좋은 버섯으로 알려진 운지버섯(Grifola froudosa)은 구름버섯, 닭버섯이라 부르기도 한다. 운지버섯은 인공재배에 성공하면서 연중 슈퍼마켓에서 살 수 있게 되었다. 운지버섯은 운지차, 운지가루, 열수(熱水) 추출 엑기스의 분말, 과립, 드링크 등으로 가공하고 있다.

운지버섯에는 피로글루타민산, 유산, 초산, 개미산, 사과산, 구연산, 호박산, 수산, 포말산 등의 유기산이 검출되고 각종 비타민도 다량 들어 있지만, 중요한 성분은 역시 베타-D-글루칸을 비롯한 여러 종류의 물질(다당체)이다. 쥐를 이용한 항암실험에서 100% 억제효과를 나타내기도 하여 버섯류 중에 항종양 활성이 강력한 버섯으로 알려져 있다. 운지버섯의 항암물질은 자실체뿐만 아니라 균사에서도 추출하고 있다.

한편 운지버섯에 에이즈 바이러스를 퇴치하는 효과가 있다는 보고도 있어 이를 연구하는 학자가 있다. 식용버섯 중에서 "향기의 왕자는 소나무 뿌리 옆에서 자라는 송이(松栮)이고, 맛의 왕자는 운지버섯이다"는 말이 있다. 그런 만큼 운지버섯은 온갖 고급요리의 재료가 되고 있다.

항암제로 가득한 맛있는 표고버섯

표고버섯은 맛과 향이 좋아 예로부터 식용버섯으로 사랑받아 왔다. 표고버섯을 알코올에 담가 추출한 액과 끓는 물속에서 우려낸 액을 정제하여 잘 알려진 항암제의 하나인 렌티난을 생산하고 있다. 렌티난의 주성분

시장에서 나온 말린 표고버섯. 일본에서는 이미 1970년대부터 표고버섯에서 항암성분 에리타데닌을 추출, 항암제로 이용하기 시작했다.

인 베타-D-글루칸은 백혈구, T세포, 킬러세포를 활성화하고, 항체생산을 촉진시키며, 인터로이킨과 인터페론(제4장 참고)의 생산을 증강시킨다.

일본국립암센터의 치하라 박사는 표고버섯에서 추출한 다당체가 암에 대한 면역 효과가 있다는 연구보고를 1978년에 파리에서 열린 국제회의에서 처음 발표했다.

그의 논문에는 표고버섯에서 얻은 렌티난이 킬러세포와 T세포를 활성화함으로써 쥐의 사르코마 종양뿐만 아니라 다른 몇 가지 암에 대해서도 거의 완전한 항암효과를 낸다고 발표하고 있다.

최근에 와서 이 렌티난을 원료로 하여 얻는 약으로 에이즈바이러스(HIV)를 치료하는 연구가 진행되고 있다. 일본인 학자의 실험에서는 효과가 있다고 하나, 다른 나라에서는 아직 확실한 연구발표가 없는 것 같다.

또한 렌티난을 화학적으로 처리하여 얻은 렌티나신과 디옥시렌티나신은 혈액응고를 막아주는 효과가 있다. 표고버섯을 80% 에틸알코올 속에 담가 추출한 렌티신, 에리타데닌(eritadenin) 같은 물질은 몸에 들어온 콜레스테롤이 빨리 배출되도록 하는 효과가 있는 것으로 알려져 있다.

말린 표고버섯을 요리할 때 잊어서는 안 될 일이 있다. 건버섯을 요리하려면 먼저 냉수에 여러 시간 담가 부풀린 다음 냄비에 넣게 된다. 이때 버섯이 머금은 즙을 손으로 짜서 버리면 안 된다. 표고버섯의 맛과 영양분과 약효성분이 그 즙에 가득 녹아 있기 때문이다. 사람들 중에는 표고버섯을 불린 즙만 짜서 마시는 이도 있다. 신진대사가 활발해져 피로를 잊게 하며 동맥경화라든가 고혈압, 변비, 류머티스에 효과가 있는 것으로 알려져 있기 때문이다.

표고버섯 애호가 중에는 표고버섯을 넣은 물로 목욕하면 피로회복이 빠르다고 하여 이용하는 사람도 있다. 마른 표고 5개 정도를 잘게 부신 다음, 이것을 2~3리터의 물에 담가 하루 정도 우려낸다. 이렇게 우려낸 버섯액을 목욕물에 타두고 입욕한다. 그리고 버섯을 짜고 난 찌꺼기는 천으로 만든 작은 자루에 넣어 그것으로 몸을 문지른다.

산삼 대접을 받았던 상황버섯

상황(桑黃)버섯은 우리나라 버섯도감에도 실리지 않을 만큼 잘 알려지지 않은 버섯이었다. 그러나 아마도 중국에서 일찍부터 약용으로 이용해

비닐하우스 안에서 대량 재배되고 있는 상황버섯. 자연 속에서 발견된 것은 산삼대접을 받았다고 전한다. 이 버섯으로 항암제를 생산하는 제약사도 있다.

온 것 같다. 이 버섯은 죽은 뽕나무 줄기에 노랗게 달린다 하여 이런 이름을 얻었다.

이 버섯은 일본어로 '메시마코프'라 불리며, 1970년대에 이미 그 항암효과가 매우 높은 버섯으로 알려졌다. 그러나 자연산을 채집하기 어려워 그 값이 대단히 비쌌으며, 인공재배가 되고 있는 지금도 고가라고 생각된다. 그러나 뽕나무가 아닌 참나무나 오리나무 고사목(枯死木)에 종균을 심어 하우스 안에서 쉽게 재배하는 방법이 개발되어 전보다는 싼값으로 시중에서 구하게 되었다.

상황버섯의 종균을 참나무 토막에 심어, 이것을 재배 희망자에게 분양하여 수확 후(약 1년 재배)에 그것을 전량 매입한다는 회사도 있다. 한 중소

제약회사에서는 상황버섯의 균사를 배양하여 유효성분을 추출, 캡셀에 담아 항암, 면역기능 강화제로 보급하고 있기도 하다.

상황버섯은 본래 고사한 뽕나무 그루터기에서 자라는 다년생 버섯이다. 취재 중에 본 50년생이라는 상황버섯은 지경이 약 25cm쯤 되었으며, 그 무게는 2kg이었다. 상황버섯은 마치 산삼처럼 귀한 것이라고 재배자들은 말하고 있다.

곤충에 생겨나는 버섯 동충하초

동충하초가 항암버섯으로 많이 선전되고 있다. 땅속에 있는 각종 나방, 잠자리, 벌, 흰개미, 파리, 노린재 같은 곤충의 유충에 기생하여 자라는 버섯을 동충하초(冬蟲夏草)라 한다. 일반적으로 거의 모든 버섯은 죽은 식물에 기생하지만 유독 동충하초 종류만이 곤충의 유충에 기생한다. 동충하초는 종류에 따라 기생하는 곤충이 각각 다르다. 세계적으로는 400여 종이 있고 우리나라에서는 80여 종의 동충하초가 알려져 있다.

암, 당뇨, 천식, 결핵 등에 효과가 있다고 알려진 동충하초 가운데 가장 일찍이 알려진 것은 박쥐나방 유충에 기생하는 것이었다. 그러나 박쥐나방 동충하초는 채집이 어려워 현재 보급되는 동충하초는 누에 번데기에 종균을 접종하여 인공적으로 배양한 것이다. 중국에서 특히 연구가 많은 동충하초는 면역력 강화로 여러 질병에 효과가 있는 것으로 알려져 있다.

위력의 항암버섯 아가리쿠스

여러 종류의 잘 알려진 항암버섯 가운데 대표적인 것이 브라질의 열대 지방에서 처음 발견된 아가리쿠스버섯이다. 그 이름이 생소한 아가리쿠스(Agaricus)라는 말은, 이 버섯의 학명(Agaricus brazei Murill)을 따라 그대로 부르고 있는 것이다. 우리 식단에 오르는 송이(松栮)와 양송이도 아가리쿠스라는 학명을 가지고 있으므로, 송이와 브라질산의 아가리쿠스버섯은 사촌간이라 하겠다.

그러나 브라질산 아가리쿠스는 우리나라 환경에서는 자연적으로 생존할 수 없다. 그 이유는 이 버섯이 열대 브라질과 같은 고온다습 기후에서만 자라기 때문이다. 따라서 우리나라의 버섯 재배가들이 이 버섯을 생산할 때는 30도 가까운 고온과 80% 이상의 습도를 유지해주어야 한다.

아가리쿠스버섯은 10여 년 전부터 우리나라에 조금씩 알려지기 시작하여, 그 사이에 텔레비전 방송이나 신문 잡지 등에 그 효능이 여러 차례 보도되기도 했으나, 이 버섯에 대해 알고 있는 일반인은 아직도 드물다. 그러나 병원의 암병동에 가면 암환자는 물론 그 가족들까지 아가리쿠스에 대해 대개 알고 있다.

인터넷에서 아가리쿠스를 찾으면 국내에서만 10여 곳의 아가리쿠스 판매사가 나온다는 것은 그만큼 아 항암버섯이 알려지고 또 찾는 사람이 있다는 것을 증명한다.

또 우체국의 상품 캐털로그나 통신판매 캐털로그 등에도 아가리쿠스버섯 보급사를 찾아낼 수 있다.

아가리쿠스버섯이 과연 어떤 이유로 항암버섯의 대표 자리에 오르게 되었는지 다음 제2장에서 구체적으로 소개한다.

제2장

기적의 암 치료 버섯 아가리쿠스

금값이던 아가리쿠스버섯을 이제는 값싸게 구해 암과 각종 질병 치료에 이용하게 되었다.

금값으로도 구하던 아가리쿠스버섯

우리가 먹는 여러 종류의 버섯이 각종 병을 치료하고, 인체의 저항력을 높인다는 것은 옛날부터 알려져 왔다. 세계 곳곳의 고대유적에서 버섯을 그린 조각품과 벽화가 발견되며, 중국에서는 말굽버섯이라든가 영지버섯을 한방약으로 귀중하게 취급해왔다. 우리나라에서 영지버섯과 구름버섯, 상황버섯, 동충하초(冬蟲夏草) 등의 버섯을 항암제 또는 각종 성인병 치료와 예방약으로 써온 것도 오래된 일이다.

한국에서 암환자와 그 가족들 사이에 '브라질에서 나는 아가리쿠스라는 버섯이 암 치료에 효과가 크다'는 소문이 퍼지기 시작한 것은 1995년을 전후한 때였다. 일부 사람들은 그 이전부터 일본과 브라질까지 수소문, 버섯을 구해 환자체료에 사용하기도 했다.

이 버섯은 그 동안 일본을 통해 주로 들어와 깜짝 놀랄 비싼 값으로 팔리고 있었다. 항암효과가 크다는 소문이 확대되면서 많은 사람이 값을 불문하고 아가리쿠스버섯을 구하려 했다. 그러나 모두 수입된 것인지라 그값은 너무 고가였다. 1997년 초 말린 버섯 1kg의 값은 100만원을 넘고 있었다. 그러나 그 전해에는 200만원도 호가했다.

일본에서는 우리보다 10년도 더 전인 1985년경부터 아가리쿠스버섯(히메마츠다케 진松이라고도 불림)을 인공 재배하여 상품으로 팔고 있었다. 한편 일본의 학자들은 1970년대부터 아가리쿠스버섯의 항암효과에 대한 연구를 시작하여 일본암학회와 일본약리학회에서 그 결과를 발표하여 주목을 끌고 있었다.

아가리쿠스버섯에 대한 본격적인 연구라든가 그 보급은 원산지인 브라질이 아니라 일본이 가장 활발하다. 그들은 브라질에서 가져온 버섯 종균으로 하우스에서 대량 생산하여 그것을 건제품으로 또는 농축액(엑기스)으로 가공하여 일본 내를 비롯 미국과 여러 나라에서 보급하고 있다. 미국에 상륙한 일본제 아가리쿠스 건제품은 1kg에 1,000달러를 넘고 있다. 그래서 '금보다 더 비싼 약'이라는 말도 하고 있다.

아가리쿠스버섯에 대한 정보는 오래지 않아 우리나라 버섯재배자들 사이에서도 퍼졌다. 일부 일본인들은 한국으로 버섯 종균을 가지고 들어와 능력 있는 우리 농민들의 손을 빌려 다량 재배해서는 본국으로 가져가기도 했다. 이런 과정에 우리나라 농가에서도 재배법을 익혀 스스로 생산하기에 이르렀다.

한편 농촌진흥청 연구관들도 아가리쿠스버섯을 여러 방법으로 시험 재배하여 농민들에게 기술지도를 해왔다. 그들은 한국에 새로 들어온 이

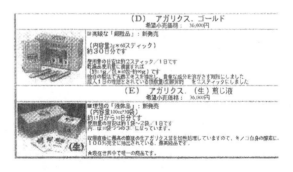

홈페이지를 통해 선전되는 일본산 아가리쿠스버섯 광고. '암예방, 당뇨, 고혈압에 효과'가 있다고 선전하고 있다.

버섯에 '흰들버섯'이란 우리말 이름을 붙였다. 간혹 신령버섯이라 부르기도 하지만, 외래종 버섯에 신령이란 매우 토속적인 우리말 이름을 단다는 것은 마땅치가 않다고 본다.

아무튼 초기에 이 버섯 재배에 성공한 소수 농가에서는 상당한 경제적 이득을 보았다. 그러나 마치 골드러시처럼 여기저기서 많은 농민들이 아가리쿠스를 재배하게 되면서 값은 현저히 내려가게 되었다. 드디어 1998년부터는 중국에서 재배된 아가리쿠스 건제품이 시중에 나돌게 되었으며, 2001년 이후에는 중국에서 재배된 값싼 아가리쿠스버섯이 국내는 물론 일본에까지 들어가고 있다.

그런데 중국산 버섯은 재배기술 부족과 건조, 보관 등의 관리 미숙으로 상품의 질이 저급하여 그 효능을 신뢰하기 어렵다.

원산지 브라질에서도 대량생산 시작

현재 브라질 상파울로 근교에서 아가리쿠스버섯을 대규모로 재배하여 전량 일본으로 보내는 한 일본인 사업가가 있다. 주인공 이마이야스 히로(今井庸浩)씨는 특별한 경력을 가진 사람이다. 1944년 도쿄에서 태어난 그는 와세다 대학을 졸업하자 카메라 메이커로 유명한 야시카사의 여자배구팀 코치로 입사했다. 당시 일본 최강의 여자배구단은 도쿄올림픽(1964년)에서 금메달을 따고 257연승을 거두고 있던 니치보가이즈카(日?貝塚) 팀이었다. 그러나 이마이씨가 지도한 야시카 여자배구팀은 무적의 니치보가이즈카 팀까지 격파하여 무적의 자리에 올랐다.

그는 야시카 배구단 코치를 거쳐 다시 전일본여자배구단으로 자리를 옮겼고, 이 팀을 이끌고 1968년 멕시코올림픽에 참가하여 은메달을 얻었다. 그 뒤 그는 야시카사의 사원으로서 브라질 정부의 초청을 받아 브라질로 건너가 배구 후진국이던 브라질 배구팀을 지도하기 시작하여 마침내 브라질 팀이 세계를 제패하도록 만들었다.

브라질에 막 건너간 1970년대에는 브라질 전역에서 배구기술을 지도하다가 1983년에 그는 브라질 남녀배구 국가대표팀 코치로 취임했다. 이때부터 그가 훈련시킨 남자배구팀은 1992년 스페인의 바로셀로나올림픽에서 금메달을 획득했고, 그때의 공로로 그는 브라질 정부로부터 스포츠 지도자로서 훈장까지 받았다.

배구 코치로서 그토록 이름난 이마이씨가 영예로운 배구계를 버리고 아가리쿠스버섯 재배자로 변신한 데는 충분한 이유가 있었다. 그가 아가리쿠스버섯을 처음 본 것은 1993년이었고, 이때 이 버섯을 끓인 차를 마시면 암과 여러 가지 성인병이 낫는다는 이야기를 들었다.

1994년 3월 그는 아가리쿠스버섯을 키우는 일본인 친구로부터 건조한 버섯을 조금 얻었다. 그는 이 버섯을 들고 에이즈가 발병하여 투병 중에 있는 한 브라질 사람을 찾아갔다. 이마이씨는 이 버섯이 에이즈 치료에 효과가 있으리라고는 기대하지 않았다. 그가 에이즈 환자를 직접 대한 것도 그때가 처음이었다. 창백한 얼굴에 초점을 잃은 눈으로 겨우 목소리를 낼 정도로 쇠약한 환자 곁에는 부인과 두 어린이까지 있었다.

버섯을 끓여 마셔보도록 부탁하고 돌아온 날로부터 1주일쯤 지났을 때, 그 환자로부터 "전보다 기운이 돌아 몸을 조금 움직이고 있습니다"하는 전화가 다시 왔다. 이마이 코치는 기대감과 불안감을 한꺼번에 안고 그를 찾아갔다. 집 현관에 들어서자 병상에 누워 있으리라 생각했던 환자가 휠휠 걸어 나와 양손을 크게 벌이고 그를 끌어안으며 영접했다. 한 달 사이에 그는 완전히 딴 사람이 되어 있었다. 혈색이 너무 좋아 보여 술을 마시지 않았나 의심할 정도였다. 이마이씨를 더욱 놀라게 한 것은 그의 혈액검사표였다. 아가리쿠스를 다려 마신 약 3주일 사이에 백혈구 수가 전보다 배로 증가하게 된 것이다.

백혈구는 혈액 속에서 적혈구와 함께 흘러 다니다가 몸속에 병균이라든가 낯선 물질이 들어오게 되면, 혈관 밖으로 빠져나가 그것에 접근하여 잡아먹음으로써 세균을 무력화시키는 역할을 한다. 에이즈환자는 이 백혈구가 형편없이 줄어들어 세균에 저항할 수 있는 면역 능력을 잃어버린다. 그래서 이 병을 '후천성면역결핍증'이라 부르고 있다. 그러므로 혈액검사에서 백혈구 수가 늘어난 것이 확인되면 그것은 병이 나아가고 있다는 증거가 된다. 건강해진 그와 즐겁게 이야기하면서 이마이씨는 아가리쿠스가 정말 기적을 가져오는 버섯이란 것을 실감하게 되었다.

기적을 경험하고 버섯사업가로 변신한 배구감독

이 사건이 있고 약 1달 뒤인 1994년 5월, 이마이 코치는 그의 부인으로부터 이웃에 사는 한 남자 미용사가 에이즈를 앓고 있다는 이야기를 들었다. 35세의 동성애자이던 이 브라질인의 상대자는 이미 8년 전에 에이즈로 죽었고, 그는 3년 전부터 발병하여 병원치료를 받으며 투병하고 있었다.

이마이씨는 아가리쿠스버섯을 그에게도 먹여보기로 했다. 사람의 생명을 좌우하는 일에 함부로 무엇이 좋고 나쁘다고 말하는 것은 위험하다며 그의 부인은 만류했다. 그러나 아가리쿠스버섯의 기적을 재확인하고 싶은 그는 버섯을 들고 그를 찾아갔다.

환자를 본 이마이씨는 부인 말을 듣지 않은 자신을 후회했다. 그 환자는 항암치료약 때문에 뇌신경까지 다쳤는지 거의 걷지도 못하는 상태에 있었다. 그렇지만 버섯을 먹고 완쾌된 사람을 직접 목격한 그는 환자 어머니에게 아가리쿠스를 끓여 마시게 하도록 부탁하고 돌아왔다.

그날로부터 10여 일 지난 뒤 이마이씨는 다시 믿을 수 없는 경험을 하게 되었다. 그날 저녁 집 앞에서 차가 멈추는 경험을 하게 되었다. 그날 저녁 집 앞에서 차가 멈추는 소리가 나더니 현관 벨이 울렸다. 문을 열고 나간 그는 깜짝 놀라고 말았다. 10여 일 전만 해도 계단을 잘 오르지 못하던 환자가 직접 차를 운전해 그의 앞에 나타난 것이다. 그는 손발이 마음대로 움직이지 않아 2년 전부터 운전을 하지 않고 있던 터였다.

이렇게 두 차례나 기적적인 사건을 경험한 이마이 코치는 30년 이상 몸담아왔던 배구계를 떠나기로 결심했다. 이 버섯으로 암과 에이즈 때문에 고통 받는 수많은 사람을 살리는 일에 남은 인생을 바쳐야겠다는 생각이 끓어오른 것이다.

현재 이마이씨는 아가리쿠스버섯을 직접 재배하는 사람은 아니다. 그는 상파울로 근교에서 버섯농장을 하는 브라질 사람들과 협력하여, 현지에서 생산된 버섯을 일본으로 공급하는 사업자로 활동하고 있다. 이마이씨는 이렇게 말한다. "나는 버섯을 판매한다기보다 환자들을 살리기 위해 버섯을 보급한다는 생각으로 이 사업을 한다."

현재 이마이씨가 관여하고 있는 버섯농장에서는 일본이나 우리나라 농가에서 하는 재배방식과는 다른 재배법으로 버섯을 생산하고 있다. 우리 농가에서는 양송이를 재배하듯 하우스 안에서 키우고 있다. 그러나 이마이씨 농장에서는 태양이 그대로 비치는 들판 밭에서 자연 상태로 키우고 있다.

이런 자연재배는 브라질의 고온다습한 열대성 기상조건 때문에 가능한 것 같다. 또한 브라질 재배자들은 그들만의 재배 비법과 버섯 종균을 가지고 있다고 말한다. 이곳 브라질 버섯농장 관계자들은 자연 상태에서 지배하기가 하우스 안에서 키우기보다 더 어렵다고 말한다.

아가리쿠스버섯에 매혹된 건강식품 사업가

일본 도쿄에서 건강식품사업을 하는 다나카(田中俊介)씨는 위암에 걸린 그의 부인을 아가리쿠스버섯으로 완치시키게 되면서 아가리쿠스버섯을 전문 취급하는 사업을 전적으로 시작한 사람이다.

어느 날 다나카씨는 친구가 운영하는 회사를 방문했다가, 우연히도 일본 국내에 아가리쿠스를 보급하기 위해 도쿄에 온 배구 지도자 이마이씨를 만나 그 자리에서 여러 가지 이야기를 듣게 되었다.

당시 이마이씨는 브라질산 아가리쿠스버섯을 일본에 홍보하기 위해 여러 대기업과 상사를 방문하고 있었다. 그러나 "버섯을 다린 물로 암을 고칠 수 있다면 비싼 약과 병원이 왜 필요하단 말인가?"하고 모두 냉담한 반응만 보이고 있었다.

직업상 건강식품과 약효에 대해 잘 알고 있던 다나카씨는, 암에 대한 면역치료제가 그 동안 거의 버섯으로부터 개발되고 있다는 사실을 상기하면서 이마이씨의 사업에 직감적으로 관심을 가지게 되었다. 다나카씨는 그 자리에서 버섯을 수입하기로 계약했다.

브라질로부터 주문한 버섯이 도착하여 사업을 막 벌인 때는 1995년 6월이었다. 그런데 그해 10월 다나카씨는 자기 부인(당시 49)이 위암에 걸렸다는 진단 결과를 받게 되었다. 병원에서는 바로 수술할 것을 권했다. 의사의 지시를 따를 수밖에 없는 그는 수술 날을 받아 입원준비를 하는 동안 부인에게 아가리쿠스버섯 다린 차를 마시도록 했다. 부인은 반신반의하면서 버섯차를 먹었다. 그런데 의외로 2주일도 지나지 않아 부인은 기분이 호전되면서 복통이 줄어들고, 완전히 상실했던 식욕을 되찾고 있었다. 12월 중순, 수술 날을 앞두고 다시 위 촬영검사를 했다.

그 사이에 부인에게 기적이 일어나 있었다. 내시경으로 본 부인의 위에서는 암 덩어리가 발견되지 않았다. 말로만 듣던 기적이 그의 눈앞에서 자신의 부인을 통해 확인된 것이다. 결국 수술은 취소되었다. 너무나 의심스러워 그는 부인을 오사카 병원에 옮겨 재검사도 받아보았다. 그러나 역시 암조직은 나타나지 않았다.

버섯을 먹기 시작하고 단 1개월여 만에 수술해야 할 종양이 사라졌다는 말은 자신과 부인 외에는 누구도 믿지 않으려 했다. 부인의 생명을 구하게 된 다나카씨는 보다 확신 있는 사업을 벌이기 위해 직접 브라질을 방문하여 재배 현장을 확인하기로 했다. 1996년 10월, 그는 브라질 농장으로 갔다.

그곳에서는 지붕을 덮은 그늘진 버섯재배사가 아닌 태양이 비치는 노지(露地)에서 마치 야채를 키우듯이 버섯을 배재하고 있었다. 수확한 버섯은 공장에서 다듬은 다음 섭씨 60도 이하의 열풍(熱風)으로 10여 시간 만에 말려내고 있었다. 이러한 저온건조는 열에 약효 성분이 깨어지는 것을 막기 위한 것이었다.

브라질의 자연재배 아가리쿠스 농장

상파울로 시내에서 동북쪽으로 40킬로미터 정도 떨어진 스사노라는 마을 언덕 사면에 있는 '구이니시 버섯농장'의 면적은 약 16헥타르이고, 검정색 토양의 이 농장은 전체가 마른풀로 뒤덮여 있다. 밭에 깔아놓은 건초를 손으로 들어보면 그 속에서 아가리쿠스버섯이 우뚝우뚝 자라고 있었다.

버섯재배사 안에서 키우는 것과 이곳 노천(露天)에서 자라는 버섯에는 상당한 차이가 있단다. 우선 외견상 버섯 갓의 직경이 크고 자루가 굵다. 큰 것은 자루 길이가 15cm에 갓 직경이 10cm나 된다. 이런 큰 버섯이 완전히 자라 갓이 활짝 펴지는 날이면 그 직경은 20cm에 이른다. 그러나 일반 재배사에서는 가장 큰 것의 갓 직경이 15cm 정도이다.

이곳 노지(露地) 재배자들은 1995년에 그들이 재배하는 대형 버섯에 Agaricus sylvaticus Shaeffer라는 학명을 따로 붙여 신종으로 취급하고 있다. 그들은 이 버섯을 별도로 '킹 아가리쿠스'라 부른다.

자연재배 버섯이 이처럼 크고 건강하게 자라는 것은 이곳의 30도를 넘는 기온과 강렬한 태양, 수시로 내리는 소나기에 의한 높은 습도, 비옥한 토양, 영양가 높은 사탕수수대를 발효시킨 배지(培地) 그리고 공해 없는 맑은 물과 공기 덕분이라 생각하고 있다. 실제로 아가리쿠스는 낮 기온 30~35도, 밤 기온 20~25도, 평상습도 80~95%의 환경조건에서 이상적으로 자란다. 버섯이라는 식물은 매우 예민하여, 자라는 동안 잠시 환경이 변해도 생장에 지장을 크게 받는다.

브라질에서는 이런 소문이 있었다. "아가리쿠스가 자라는 곳에 가서 요양을 하면 병이 잘 낫는다." 이것은 지나친 말이 아니다. 아가리쿠스를 재배하는 사람들은 누구나 "아가리쿠스버섯에는 병이 생기지 않는다"라는 말을 한다. 사실 느타리버섯이나 양송이 등 일반 식용버섯을 재배하는 농부들은 버섯에 다른 세균성 병이 전염되면 금세 황폐화되기 때문에 대단히 조심해야만 한다.

그러나 아무리 신경을 써도 수시로 병이 발생하여 버섯농사를 망치고 있다. 하지만 아가리쿠스버섯은 균사가 일단 퍼져 자리를 잡으면 그 배지에는 다른 종류의 버섯이나 곰팡이 따위가 자라는 것을 보기 어렵다 이것은 아가리쿠스버섯 주변에는 다른 세균이나 미생물이 자라지 못하도록 하는 미지의 강력한 항생물질을 분비하기 때문이라고 생각되고 있다.

아가리쿠스버섯을 처음 대하면, 양송이를 많이 닮았다는 것을 알 수 있다. 실제로 아가리쿠스버섯은 분류학적으로 양송이와 같은 무리에 속한다. 그러나 양송이와 달리 갓의 표면은 흰색이 아니고 전체적으로 옅은 다갈색이며, 그 위를 보다 짙은 갈색의 점이 뒤덮고 있다. 노천에서 자연 재배한 아가리쿠스버섯은 하우스에서 키운 것과 그 색상에도 차이가 있다. 자연산은 크기도 하려니와 갓의 다갈색 사이로 아련한 핑크색이 감돈다. 이곳 사람들이 자연산 버섯을 특별히 '킹 아가리쿠스'라고 부르는 이유는 형태 때문만이 아니다. 그들은 약효까지 훨씬 높다고 주장하고 있다.

배구인 이마이씨는 그가 시작한 버섯사업에 대해 대단한 자부심과 사명감을 가지고 있다. 그는 이렇게 말한다. "아가리쿠스는 건강식품일뿐만 아니라 세기말적인 난치병으로부터 인류를 구원하기 위해 신이 내려준 '기적의 버섯'입니다."

아가리쿠스버섯은 1960년대부터 세상에 알려졌다

인류가 버섯을 먹어온 역사는 아주 길지만, 아가리쿠스 버섯이 세상에 알려진 것은 오래지 않다. 이 버섯에 대한 최초의 기록은 '브라질의 식물'

이라는 책에 나온다. 당시 리오데자네이로에 살던 식물학자인 저자 죠아킴 몬데일로 카미용은 그의 책에서 아가리쿠스버섯을 약용버섯으로 소개하면서 그 학명을 Agaricus blazei로 적었다.

그 다음으로 이 버섯에 대한 기록은 미국 플로리다에 살던 R.W. 블레저라는 사람의 식물표본 중에 Agaricus blazei Murill이라는 이름으로 소개된 것이다.

아가리쿠스버섯은 브라질에만 나는 것은 아니다. 미국 플로리다와 사우스캘로라이나의 더운 평원에서도 발견되는 것으로 알려져 있다. 그러나 이 버섯은 브라질 상파울로 교외 피에다데(Piedade) 지방이 고향이다. 이 지역은 낮 기온이 35도까지 오르고, 밤이 되면 최저 20도까지 내려가기도 하는 열대이다. 이곳에는 저녁이면 늘 소나기가 쏟아지기 때문에 습도가 종일 높게 유지되고 있다.

브라질에서는 전부터 "피에다데에 사는 사람들은 건강하고 장수한다"는 소문이 있었다. 오늘날 의학자들은 세계 어느 곳의 주민이 특별히 장수한다거나 하는 의학적 특성을 보이면, 그곳을 직접 찾아가 원인이 어디에 있는지 밝히려 한다. 장수마을이라는 것은 암이라든가 성인병이 적은 지방이라는 뜻이기도 하기 때문이다.

피에다데 지방 주민이 장수하고 건강하다는 정보를 알게 된 과학자 두 사람이 미국으로부터 찾아왔다. 펜실바니아주립대학의 W.J. 신텐 박사와 람바트연구소의 E.D. 람바트 두 과학자가 이끄는 조사팀이 이곳에 온 것이다. 두 연구자는 한동안 이곳에서 수질도 조사하고 생활습관도 살폈다.

그러나 아무래도 이곳 주민이 장수하는 특별한 원인을 찾지 못했다. 다만한 가지 유의점이 있다면, 그곳에 사는 야생마들이 배설한 똥 위에 자라는 버섯을 그곳 주민들이 잉카시대부터 식용하고 있다는 것 뿐이었다.

그들은 그 버섯을 연구소로 가져와 1965년에 성분을 분석했고, 그 결과를 학회에서 발표도 했다. 그러나 이런 저런 여러 가지 물질이 분석되어 나왔으나 특별한 것을 찾지는 못하고 다만 "이 버섯에 제암효과가 있는 것 같다" 정도만 기록하고 있었다.

아가리쿠스버섯을 재발견한 일본인 농부

1965년 여름, 피에다데 지방에서 양송이를 재배하던 일본인 이민자(移民者) 후루모토 다카토시(古本隆壽)씨는 집 근처를 산책하다가 낯선 버섯을 발견했다. 그는 혹신종 버섯이 아닌가 하여 그 표본을 일본 이와데(岩出)균학연구소로 보냈다.

당시 도쿄대학의 버섯 권위자이던 이와데가쿠노스케(岩出亥之助) 박사는 확인이 불가능하여 그 표본을 다시 벨지움의 세계적 버섯분류학자 하이네만 박사에게 보내 감장을 의뢰했다. 그 결과 그것이 양송이(Agaricus bisporus)와 같은 무리에 속하는 아가리쿠스 블라제이무릴임을 알게 되었다.

이와데 박사는 양송이과에 속하는 이 버섯에 와리하라다케(신종 양송이)라는 이름을 붙였다. 1967년의 일이다. 그때부터 이와데 박사는 수많은 시행착오 끝에 거의 10년이 걸려 이 버섯을 인공재배하는데 성공했고, 그는 버섯을 히메마츠다케(진松이) 또는 아가리쿠스버섯이라 부르도록 이름을 바꾸었다.

한편 이와데 박사는 미헤(三重)대학 연구진과 공동으로 이 버섯의 성분과 약리효과에 대한 연구를 시작했다. 이때부터 미혜대학 연구 그룹은 집중적으로 아가리쿠스 버섯의 항암효과에 대한 연구를 진행, 그 결과를 일본암악회와 약리학회에서 연달아 발표하기에 이르렀다.

나아가 이 버섯은 시고쿠와 큐슈 등의 따뜻한 지역에서 대량 재배하게 되었고, 드디어는 큰 제약회사에서도 재배 가공하여 건강보조식품으로 판매하게 되었다. 아가리쿠스버섯의 명성이 높아지자 원산지인 브라질에서도 인공재배가 시도되었다. 버섯 발견자인 후루모토(古本)씨는 양송이 재배기술을 살려 사탕수수대를 발효시킨 배지위에서 이 버섯을 양산(量産)하는데 성공했다. 실제로 아가리쿠스버섯은 사탕수수대를 발효시킨 배지 위에 살균한 흙을 3cm 정도 두께로 깔아두고(복토라고 함) 키울 때 가장 많이 나오고 잘 자란다.

1988년에 후루모토씨가 세상을 떠나자, 이번에는 이와데균학연구소가 중심이 되어 일본의 판매회사와 브라질 현지 생산업자가 협력하여 본격적으로 대규모 재배를 시작하게 되었다. 브라질의 재배기술진은 곧 자연재배에 성공했다. 그것이 1993년의 일이다. 아가리쿠스버섯의 자연재배 노하우는 이곳 브라질의 구이니시(Guinishi) 농장에서만 가지고 있는 것으로 알려져 있으며, 현지의 연간 생산량은 1996년에 약 5톤이었으며 해마다 늘어나고 있다. 그들이 키우는 버섯은 하우스에서 재배하는 아가리쿠스버섯과는 다른, 특별히 자연재배에 강한 종균을 새로 육종한 것으로 전하고 있다.

자연재배 버섯과 하우스재배 버섯의 약효에 어떤 차이가 있는지 확실히 말하기는 어렵다. 다만 브라질 현지의 자연재배회사는 이렇게 주장한다. "쥐 백혈구에 들어있는 킬러세포의 활성에 대한 그간의 연구 결과에 따르면, 자연상태에서 우리 방식으로 재배한 버섯이 하우스 재배 버섯보다 5.21배나 더 높은 활성을 보였다."

아가리쿠스를 처방하는 브라질의 양의사

아가리쿠스버섯이 이처럼 브라질에서 대량생산되고 있지만, 막상 브라질 국민이나 의사들은 이 버섯에 대해 오래도록 잘 모르고 있었다. 그러나 1997년을 지나면서 브라질 내에서도 그 소비량이 부쩍 늘어가고 있다. 그동안 브라질 국민 사이에 이 버섯이 알려지지 않았던 것은 버섯에 대한 연구가 주로 일본에서 이루어진데다 연구 역사가 비교적 짧기 때문이다. 더군다나 현재 브라질에서는 자연에서 나는 아가리쿠스버섯을 발견하기 매우 어렵다고 한다. 그 이유는 피에다데 지방이 개발되면서 살고 있던 야생마(野生馬)가 지금은 모두 사라지고 없기 때문이다.

서양의학에서는 임상결과가 확실치 않은 건강식품을 의약으로 처방하지 않기 마련이다. 상파울로 시내에서 개업하고 있는 양의사 중에 에

드와르드 람바트라는 특별한 인물이 잇다. 그는 일반 의사와 달리 아가리쿠스를 환자 치료에 이용되고 있다. 그의 명함에는 'Clinical Geral Homeopatia'라는 말이 적혀 있다. '모든 병을 자연요법으로 치료한다'는 뜻이다. 람바트씨가 아가리쿠스를 자연치료에 이용한 데는 극적인 이유가 있다.

지난 96년, 48세 된 어떤 부인이 유방암 진단을 받았지만 수술이 두려워 자연식으로 치료한다는 그를 찾아온 것이다. 람바트씨는 이때까지만 해도 아가리쿠스에 대해 전혀 모르고 있었다. 그는 평소대로 자연식 치료제를 부인에게 처방하고 있었다. 바로 그 즈음 아가리쿠스버섯에 대한 이야기를 처음으로 듣게 되었다. 그는 시험 삼아 그 부인에게 아가리쿠스를 먹도록 했다.

결과는 기적이었다. 레몬 만하던 종양이 1달여 만에 거의 사라져버린 것이다. 그는 의사생활을 해오는 동안 암 조직이 그처럼 극적으로 없어지는 것은 처음 경험했다. 그때부터 그는 아가리쿠스버섯에 대한 자료를 조사하면서 찾아오는 환자에게 적극 처방하게 되었다.

놀랍게도 아가리쿠스버섯을 환자에게 처방하기 시작하고 8개월 사이에 10명의 암환자를 완치시켰다. 사람에 따라 효과가 빨리 나타나기도 하고 늦기도 했지만 모두 각종 암과 뇌종양까지 치유된 것이다.

첫 번째 환자였던 도나 글로리아 부인의 경우를 좀 더 소개한다. 그녀는 1995년 5월에 왼쪽 가슴에 통증을 느끼고 병원에 갔다가 유방암이라는 진단을 받았다. 의사는 바로 수술할 것을 권했다. 그대로 믿어버리기 어려운 것이 사람 마음이다. 혹시나 하여 글로리아 부인은 다른 병원에도 가보았다. 진단결과는 같았다. 왼쪽 유방을 전부 들어내야 한다는 것이다. 그리고 수술 받고 5년 동안은 재발할 위험이 있으며, 그때까지 아무일 없어야 완치된 것이라고 했다.

글로리아 부인은 수술이란 것이 너무 두려워 항암제를 먹기로 했다. 항암제 치료가 시작되자 머리카락이 빠지고 구토증과 현기증 같은 견디기 어려운 부작용에 시달리게 되었다. 그럴 때 주변 사람으로부터 건강식품으로 암을 치료한다는 람바트 의사를 소개받게 되었다.

이렇게 하여 부인은 유방암 진단을 받은지 1년만인 1996년 7월부터 그의 지시에 따라 아가리쿠스 차를 끓여 복용하기 시작했다. 그녀는 당시의 변화를 이렇게 말하고 있다.

"차를 마시기 시작하고 나서 처음 느낀 것은 몸에 기력에 되살아나는 것이었어요. 모든 의욕을 잃게 하던 피로감과 억눌린 기분이 가벼워지자 하루의 생활이 조금씩 즐거워졌습니다. 2주일쯤 지나자 크고 단단하던 가슴의 응어리가 두드러지게 작아지면서 부드러워진다는 기분이 들었습니다. 버섯차를 더 열심히 마시게 되었지요. 1달 뒤에는 계란만 하던 덩어리가 아주 사라져 어디 있는지 찾을 수도 없게 되었습니다."

체력과 면역력 약한 사람에서 위력 발휘

람바트씨는 아가리쿠스버섯 성분 중에는 암세포의 증식을 억제하고,

나아가 암세포를 소멸시키는 성분이 들어있음을 확신하고 있다. 그가 주시하는 항암물질이란 인체의 면역기능을 비약적으로 높이는 베타-D-글루칸과 같은 다당류이다.

그는 이렇게 말한다. "이들 항암성분은 암세포와 직접 싸우는 킬러세포의 생산량을 늘리고 전투력을 강화시킨다. 브라질에서는 누구도 이에 대한 연구를 하지 않고 있어 의사들은 거의 믿지 않는다. 그러나 체력이 떨어지거나 면역력이 약해 발생되는 병에 대해서는 아가리쿠스가 위력을 발휘한다. 그러므로 면역력 상실로 일어나는 에이즈를 치료하는데도 이 버섯이 효과가 있다고 믿는다."

의사 람바트씨가 그의 클리닉에서 아가리쿠스를 처방하는 증세에는 암이나 에이즈 외에 다음과 같은 증세들이 있다.

- 스트레스 때문에 피로가 축적된 사람이 활력을 빨리 되찾도록 할 때.
- 체력과 저항력이 덜어진 사람에게 면역력을 보강할 때.
- 그 외 당뇨병, 콜레스테롤, 고혈압증, 동맥경화증, 만성간염, 변비증, 갱년기장애, 노이로제, 생리불순, 치매방지, 상처를 입거나 수술을 받은 사람의 빠른 상처회복, 정력강화 등이 있다.

어떻게 보면 마치 만병통치약처럼 생각되지만 이들 증상은 모두 면역력 결핍 그리고 체력 약화와 연관성을 가지고 있다.

폐암과 뇌암파선암을 치료한 두 번째 기적

에드와르드 람바트씨가 치료한 두 번째 환자는 조각가인 안토니오 로샤(당시 40세)라는 남자이다. 1996년 10월 로샤씨는 독일에서 열린 작품 전시회에 참가했다가 전시장에서 작품을 설치하던 중에 심한 현기증으로 넘어지면서 그대로 머리를 크게 부딪치는 사고를 당했다.

그는 병원으로 실려가 정밀검사를 받았다. 어이없게도 폐와 머리의 임파선에 암이 생긴 것이 발견되었다. 그는 즉시 상파울로로 돌아와 입원했으며, 항암제와 방사선 치료를 받기 시작했다. 그때 안토니오 로샤씨의 누나인 안나 마리아씨가 람바트 의사를 찾아가 동생에 대해 상담하게 되었다.

로샤씨는 누나의 권유로 병원 침대에서 항암치료를 받는 동시에 아가리쿠스 차를 마시기 시작했다. 마리아씨는 당시 사정을 이렇게 말한다.

"버섯차를 먹기 시작한 11월의 동생은 음식이든 물이든 모두 토해버리는 상태였답니다. 그래서 병원 의사와 상의한 끝에 버섯차를 아주 진하게 다려 스푼으로 조금씩 떠먹이기로 했지요. 하루에 작은 컵으로 한잔 정도를 먹이기 시작한지 2주일이 지나자 환자는 기력을 회복하는 기미를 보였습니다."

로샤씨는 버섯차를 먹기 시작한 때를 기억한다. "처음 버섯을 먹자 트림이 나왔습니다. 2, 3일 지나자 몸에 힘이 생겨나면서 좋아진다는 기분이 들더군요. 상태가 아주 호전된 3주째부터는 하루에 4컵씩이나 열심히 마셨지요. 1달이 지나자 머리 임파선의 부기가 빠졌습니다. 3개월째에 들자 병원 진단에서 폐종양이 없어진 것으로 나타났어요. 물론 뇌종양도 줄어들고요."

그 뒤로 순조롭게 회복이 진행되어 로샤씨는 다음해 2월에 기적적으로 퇴원했다. 그는 90% 정도 완치된 상태에서 제3회 항암제치료를 받으면서 이렇게 말했다.

"하느님께 감사하고 있습니다. 독일에서 막 돌아왔을 때 내 인생은 여기서 끝난다고 생각했지요. 아가리쿠스는 항암제와 방사선치료에서 오는 심한 부작용을 없애주었어요. 항암제를 처방받기 보다는 차라리 죽는 게 낫겠다고 생각했으니까요. 그런 부작용이 신기하게 줄어들더니 눈에 띄게 원기가 돌아왔어요."

죽음 직전에서 살아난 그는 말을 이었다. "최근 저는 약혼도 했습니다. 새로운 작품을 구상하면서 인생을 다시 시작합니다. 죽음을 각오했던 사람인지라 모든 것이 꿈만 같습니다."

람바트 의사가 권하는 합리적인 아가리쿠스 복용법

자연식 치료의사 람바트씨가 환자들에게 처방하는 것을 보면, 환자의 상태에 따라 조금 다르다. 아가리쿠스는 자연식품이기 때문에 섭취량이 많아도 아무 부작용이 없다. 또 이것은 병원약이나 항암제와 함께 먹어도 좋다. 오히려 함께 먹기를 권하고 있다. 아가리쿠스버섯은 평소 식사 때 먹는 양송이나 표고버섯과 다름없는 식용버섯이다.

아가리쿠스는 신체의 면역력을 높여주기 때문에 항암제나 방사선 치료에 따라오는 부작용을 완화시키는 효과가 있으며, 수술 뒤에는 강한 면역력으로 상처를 빨리 아물게 하여 회복을 크게 돕는다.

| 암환자에 대한 처방

아가리쿠스를 말린 건버섯을 그대로 먹거나 차로 끓여먹는 두 가지 방법이 있다. 건버섯이라면 아침저녁으로 2~3그램(하루에 5~6그램)씩 그대로 씹어 먹도록 한다. 그리고 차를 끓이는 방법은 아래와 같다.

① (1번 차) - 유리나 사기로 된 냄비에 1리터의 물을 담는다. 그 안에 25~30그램의 건버섯을 넣고 이것을 냉장고 안에 넣고 12시간쯤 우린 다음 그릇 속의 버섯을 전부 건져낸다. 그릇에 남은 울려낸물이 1번 차이다. 이 1번 차에는 아가리쿠스버섯에 포함된 풍부한 비타민 등이 열에 파괴되지 않고 녹아 나와 있다.

② (2번 차) - 유리그릇에 1.5리터의 물을 담고 여기에 1번 차에서 건져낸 버섯을 넣고 끓인다. 물이 1리터 정도 남도록 졸아들면 버섯을 다시 들어낸다. 그릇에 남은 물이 2번 차이다. 2번 차에는 버섯의 중요약효성분이 대부분 녹아 있다.

③ 1번 차와 2번 차를 각 1잔씩 하루에 4번(식사 전 3차례와 잠들기 전 1차례) 나누어 모두 마신다. 이렇게 마련한 버섯차는 냉장고에 3일 이상 두지 않는 것이 좋다. 2번 차를 끓이고 남은 버섯은 요리에 넣어

먹는다. 차를 마실 때 냄새나 맛이 비위에 맞지 않으면 소금이나 설탕, 꿀을 조금 넣어 마시도록 한다. 버섯액으로 스프를 끓여먹어도 좋다.

| 증상이 심한 환자의 처방

항암제와 방사선 치료로 구토가 심하여 아무것도 마실 수 없는 환자에게는 농도가 진한 차를 만들어 조금씩 자주 떠먹이도록 노력한다. 농도 짙은 차를 끓이려면, 물을 절반 또는 그 이하로 부어 같은 방법으로 준비한다.

| 암 예방과 평소 건강을 위해 마실 때

예방 차원에서 또는 평소의 건강을 위해 버섯차를 마실 때는 앞에서처럼 많이 먹을 필요가 없다. 건버섯을 2그램씩 1주일에 2~3회 먹거나, 버섯차를 일주일에 두 번 정도 한 컵씩 마시는 것으로 충분하다. 고혈압이나 콜레스테롤 증세가 있는 사람은 처음에는 암환자의 경우처럼 다량 복용하다가, 상태가 호전되면 예방 차원처럼 소량을 마시도록 한다.

레이건 대통령의 피부암을 치료한 아가리쿠스

아가리쿠스버섯에 대한 최초의 연구는 신덴과 램버트두 교수가 했지만, 그 버섯의 효능에 대한 명성을 실제로 미국인들에게 알린 사람은 레이건 대통령이었다. 재임 중에 레이건 대통령은 중증의 피부암이 생겨 수술도 하고 항암제 치료도 받다가 아가리쿠스버섯까지 먹게 된 것이다. 레이건 대통령이 버섯을 먹어 피부암에서 회복되었다는 뉴스가 보도되자 아가리쿠스버섯의 이름은 전미국에 알려지게 되었다.

레이건 대통령이 암 치료 보조식품으로 버섯을 먹게 된 배경에 대해서는 알려지지 않은 것 같다. 그러나 세계 어느 곳이건 소문난 건강식품이나 생약성분에 대해서는 관심과 연구가 따르기 마련이다.

버섯 성분으로 암을 치료하는 면역요법을 연구하기 시작한 것은 1970년대에 들어온 뒤부터이다. 그 시기에 캘리포니아 대학의 M. 고남 교수의 연구발표가 학회의 주목을 끌었다. 그러나 이 발표에 더 관심을 가진 쪽은 미국이 아니라 일본이었던 것 같다. 당시 일본에서는 표고버섯에서 항암제를 추출하여 여러 종류의 암 치료에 이용하기 시작하고 있었다.

일본에서 아가리쿠스버섯의 항암적 약리효과에 대한 연구발표회가 처음 열린 것은 1980년 3월에 개최된 제53회 일본약리학회에서였다. 이어 그해 11월에는 제39회 일본암학회에서 '아가리쿠스버섯은 위암과 같은 고형암(固形癌)뿐만 아니라 복수암(腹水癌), S상결장암, 난소암, 유방암, 폐암, 간암과 같은 다른 암에도 효과가 있다'는 보고가 나왔다.

이때부터 아가리쿠스버섯이 조금씩 세상에 알려지기 시작했고, 이후부터 해마다 버섯 속에 포함된 항암물질에 대한 연구결과가 연달아 발표되었다. 복수암(腹水癌)이라는 것은 암세포가 조각조각 떨어진 상태로 복강(腹腔) 속에 떠 있는 암을 말한다.

아가리쿠스 버섯의 효능이 알려지고 그 인기가 오르자, 1992년 일본의 교와(協和)엔지니어링 그룹은 제일 먼저 아가리쿠스를 온실에서 대규모로 재배, 여러 형태로 제품을 만들어 보급하기 시작했다. 1995년 이 회사의 생산량이 10톤에 이르고 그 인기가 크게 오르자, 교와그룹은 아가리쿠스를 미국을 비롯 국외에서도 팔기 시작했다.

최근 미국에서는 아가리쿠스를 그것의 학명 Agaricus blazei Murill의 머리글자를 따서 ABM이라 부르며 E-메일을 통해 판매하고 있다. 미국 제품은 브라질 상파올로 근교 모기다스(Mogi das)의 일본인 재배자들

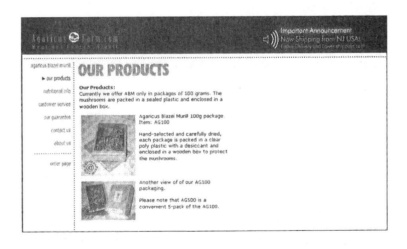

미국의 홈페이지 (http://www.agaricusfarm.com/abm.htm)에 소개된 브라질산 아가리쿠스버섯. 이 버섯의 학명 Afaricus blazei Murill의 머리글자를 따서 ABM이라 쓰고 있다. 건버섯 500g의 값은 395달러이다. 비싼 이유에 대해 다른 버섯과 달리 고온다습을 좋아하며, 재배가 어렵고, 생버섯 12kg을 말려야 1kg의 건버섯이 생산되기 때문이라고 설명하고 있다.

에 의해 생산된 것을 보급하는 것으로 보인다. 그 가격은 2002년 초 현재로 건버섯 500그램에 395달러인 것으로 소개되어 있다. 이곳 브라질 재배농장은 일본의 주문이 늘어나자 1996년부터 생산을 시작했다.

국내산 아가리쿠스버섯 구입방법과 가격

이런 시기에 아가리쿠스버섯 건제품과 농축액이 국내에서도 조금씩 알려지게 되었다. 건강식품이란 언제 어디서라도 소문이 빠르다. 아가리쿠스버섯은 1996년부터 일본산 수입이 허가되어 국내에서도 보급되기 시작했다. 일본제품은 말린 버섯, 가루버섯차, 농축액 등으로 가공하여 판매하기 시작했다.

한편으로 국내 몇 버섯재배 농가에서도 아가리쿠스버섯 재배에 성공하여 1997년 초부터 본격적으로 보급하기 시작했다. 일부 제약회사는 농축액을 포장한 드링크제를 내놓기도 했다. 1998년에 들어서자 중국산 아가리쿠스버섯이 서울 청량리의 경동시장에 나왔다는 소식이 나돌더니, 다른 농산물과 마찬가지로 이제는 가장 싼 제품(건버섯 1킬로그램에 15만 원 정도)으로 판매되고 있다. 그러나 필자의 조사에 의하면 버섯이 작고 상품의 질이 국내산에 비해 매우 떨어져 보였다.

2002년 초 현재 국내에서 생산된 아가리쿠스버섯은 건버섯 1kg에 20~30만 원에 판매되고 있다. 이 버섯을 파는 곳을 이 책에서 구체적으로 소개하기는 곤란하다. 그러나 우체국의 통신판매 캐털로그나 여러 통신판매 회사에서 발행된 상품 안내서를 뒤져보면 여러 건강식품 속에 아가리쿠스도 포함되어 있다.

또 다른 방법으로는 인터넷에서 '아가리쿠스버섯'을 찾으면 여러 판매소가 선전되고 있다. 지금은 재배기술과 건조방법이 모두 발달하여 질이 좋은 제품을 생산하는 것으로 알고 있다. 또한 국내에서 재배된 아가리쿠스버섯이 대량 일본으로 수출되고 있는 것도 사실이다.

브라질에서 버섯을 키우는 교민 목사

일본인들이 브라질에서 아가리쿠스버섯 종균을 가져와 그것을 비닐하우스 안에서 키우는 인공재배법을 확립하기까지는 약 10년의 연구기간이 필요했다. 재배기술이 잘 알려진 지금은 양송이를 키워본 사람은 누구라도 쉽게 생산한다. 그러나 처음에는 많은 시행착오를 거쳤다. 국내에서 다소 큰 규모로 아가리쿠스버섯을 재배하는 농가는 부여, 경산, 해남, 춘천, 홍천, 여주, 서천, 횡성 등지에 있는 것으로 조사되었다.

앞에서도 말했지만 현재 브라질에서는 하우스재배와 자연재배가 동시에 이루어지고 있다. 브라질 현지의 하우스 및 자연재배자 중에는 우리 교민으로서 약 25년 전에 버섯재배기술자로 이민하여 현재 자립선교사로 활동하는 전영길 목사가 있다. 상파울로 근처 도시인 모기다스 크루지스(Mogi das Gruzes)시에서 양송이를 오래도록 재배해온 전목사는 1996년부터 질이 좋은 아가리쿠스버섯도 재배해온 전목사는 1996년부터 질이 좋은 아가리쿠스버섯도 재배하여 그 건버섯을 국내와 상파울로 일대의 교민에게 보급하고 있다. 또한 미국에서도 LA에 '임마누엘농업연구소 미주 총판'을 두고 판매하고 있다.

필자는 고국을 방문한 전목사를 서울에서 만날 기회가 있었다. 그분은 상파울로 근교에서 양송이를 키우는 교민 3사람 중에 유일한 아가리쿠스버섯 재배자였다. 원주민 수십 명에게 농업기술을 지도하면서 생산한 버섯에게 생기는 수입으로 자립선교활동을 하고 있는 전목사의 명함에는 농장 이름이 '임마누엘농업연구소'로 되어 있었다.

전목사는 오래도록 양송이를 재배해 오면서도 아가리쿠스버섯에 대해서는 전혀 몰랐다고 한다. 그러다가 1994년 고국을 방문한 길에 수원 농촌진흥청에서 신농업기술 교육을 받게 되었다. 이때 전목사는 진흥청 농업 기사들로부터 브라질의 아가리쿠스버섯에 대한 이야기를 처음 듣게 되었다.

브라질로 돌아온 그는 그때부터 새로운 버섯을 키우기 위해 3년이나 시험재배와 시설준비를 했다. 1996년 재배에 성공한 전목사는 아가리쿠스 재배사를 19동으로 늘이고 농장도 확장하면서 대량생산을 시작했다. 그는 현지 우리 교민들에게 건버섯 1kg을 미화 500달러에 보급하고 있다고 했다. 그러나 일본인 생산품은 1천400달러에 판매되고 있단다.

브라질 현지의 일본인 버섯재배자들은 그들만의 재배법을 감추기 위해 무척 조심하고 있다. 재배장에는 타인의 출입이 금지되어 있으며, 재배시설도 종균소, 퇴비제조장, 복토제조장, 재배장, 건조장, 가공처리장,

브라질 현지 전영길 목사의 입체농업연구소 재배사 안에서 왕성하게 자라고 있는 아가리쿠
스버섯. 아래 사진은 전목사가 노지에서 시험적으로 자연재배한 결과 성공적으로 자란 버섯
이다. 브라질 교민들 사이에서는 아가리쿠스버섯이 위궤양과 위염에도 대단히 효과가 좋은
것으로 알려져 보급되고 있다.

포장소등을 지역적으로 여기저기 뚝뚝 떨어진 곳에 두어 한자리에서 보아서는 생산과정이 어떻게 되고 있는지 알 수 없도록 하고 있단다. 농업 경영의 노하우 경쟁도 치열하지 않을 수 없다.

전영길 목사 역시 일본인 재배자들이 생산하는 아가리쿠스와 같은 종균 즉 킹 아가리쿠스를 재배하고 있는 것으로 알려져 있다. 그리고 마찬가지로 그도 자기 농장 생산시설을 타인에게 공개하지 않고 있다.

국내의 아가리쿠스버섯 생산 현황

국내에서 아가리쿠스버섯을 재배하고 있는 농민은 주로 양송이를 키우던 분들이다. 재배법은 일반 양송이와 마찬가지로 볏짚을 부패시킨 퇴비에 아가리쿠스 종균을 접종하여 높은 온도와 습도를 유지하면서 재배하는 것이 대부분이다.

강원도 횡성의 어느 아가리쿠스 재배농가에서는 칡즙을 짜고 남은 섬유질을 발효시킨 배지에 종균을 심어 버섯을 생산하고 있었다. 이곳에서는 볏짚 배지보다 칡배지에서 키운 것이 버섯이 크고 약효도 우수하다고 주장했다. 그들은 폐솜, 볏짚, 칡배지 모두 실험해본 결과 칡배지 쪽이 가장 생산성이 좋고 버섯도 실하게 자란다고 말한다.

아가리쿠스버섯은 겨울에도 25도 이상의 고온과 80%를 넘는 습도를 유지해야 자실체가 나온다. 물론 다른 버섯 재배 때와 마찬가지로 환기도 충분히 시켜야 한다. 이 버섯을 재배할 때 주의할 것은 종균을 뿌리고 나

재배장에서 왕성하게 자라고 있는 아가리쿠스버섯. 이 버섯은 병에 강한 편이지만 온도와 습도 변화에는 매우 민감하여 잘 자라다가도 버섯이 나오지 않아 실패하는 경우가 있다.

서 균사가 배지에 하얗게 퍼지면, 배지 위에 살균한 흙을 3cm 정도 두께로 덮어주어야(복토라고 말함) 버섯이 흙을 뚫고 잘 자라 나온다는 점이다. 양송이 재배 때도 복토를 하고 있으므로 이것 역시 양송이 재배법과 다를 것이 없다. 재배자 중에는 복토에 약간의 피트모스(토탄)를 첨가하면 버섯이 한꺼번에 잘 나온다고 말하고 있다.

그런데 우리나라 기후에서 한여름이 아닌 다른 계절에 아가리쿠스를 재배하려면 온도와 습도 유지가 어렵고, 그것을 제대로 하려면 생산비가 너무 들어 경제성이 크게 떨어진다. 때문에 일반적으로 아가리쿠스 재배자들은 여름 가장 더운 때 버섯이 나오도록 시기를 맞추어 재배하고 있다.

브라질 전영길 선교목사의 말에 따르면, 현지에서도 기온이 30도에 이르고 습도가 80% 이상인 고온다습한 여름철에 아가리쿠스를 재배해야 생산성이 좋다고 한다. 그래서 자신도 여름에는 아가리쿠스를 키우고 나머지 계절에는 양송이를 재배한다고 했다. 브라질 현지 환경이 그러하다면 국내에서는 말할 것도 없이 여름철에 재배해야 타산이 맞을 것이다. 브라질과 한국은 지구 반대편에 위치하고 있어 계절이 서로 반대가 된다.

국내에서 아가리쿠스버섯 종균을 보급하는 곳은 많은 것 같지 않다. 이 버섯 종균을 가진 곳이라면 주문하고 1, 2개월 뒷면 공급받을 수 있을 것이다. 종균 공급소에 따라 종균의 질과 품질에는 차이가 있을 것이다. 종균 공급소에 따라 종균의 질과 품질에는 차이가 있을 것이다. 만일 독자 중에 아가리쿠스버섯 재배에 대해 더 자세한 정보를 알기 원한다면 경기도 광주에 있는 국립 버섯재배연구소에 문의하면 도움을 받을 것이다.

중요 버섯의 종균만 배양하여 필요한 농민에게 보급하는 종균배양장이 전국에 여럿 있다. 어느 곳에 문의해도 종균을 구할 수 있을 것이다. 그런데 종균회사에서 종균 관리를 철저히 하지 않으면 질이 떨어지는 종균으로 되기 때문에 믿을만한 종균배양소에서 구하도록 해야 할 것이다.

제3장

버섯은 어떻게 먹어야 효과적인가?

말린 것, 가루, 생버섯, 농축액 모두 효과가 있으나, 말린 버섯을 다린 것이 가장 효과가 높고 값도 싸게 먹힌다.

생버섯, 건버섯 — 어떤 것을 선택해야 좋은가?

아가리쿠스버섯에 대한 정보가 텔레비전 방송을 비롯해 신문잡지를 통해 일반에게 보도되기 시작한 것은 1997년 가을부터였다. 지금에 와서 아가리쿠스버섯을 어디서나 싼값으로 쉽게 구할 수 있다는 것은 다행한 일이다. 그러나 소비자들에게는 국산, 일본산, 브라질산, 중국산 중에 어떤 아가리쿠스버섯을 선택해 먹어야 좋은지가 의문이다.

흔히 약초라든가 채소, 육류, 생선들을 두고 외국산보다 토종이 더 좋고, 양식한 것보다 자연산이 더 맛 좋고 영양가가 높다고 주장한다. 경우에 따라 그런 주장이 옳기도 하지만 반드시 그렇다고 믿기 어려울 때도 있다. 아가리쿠스버섯은 브라질산이 약효가 5배 가까이 높다고 주장되고 있다.

필자의 견해로 국내 생산품과 수입품 어느 것이 약효가 더 좋다고 단정하기는 어렵다. 그러나 생장상태가 양호한 크고 모양이 정상이며(기형 버섯도 자주 발생함), 건조된 버섯의 자루 색깔이 깨끗한 황백색이면 건강한 버섯이고, 양질의 버섯일수록 내부에 포함된 약효 성분도 많고 강력하다고 판단된다. 그런데 버섯이 크더라도 버섯갓 아래가 검정색이면 구입을 피하기 바란다.

이 버섯에 대한 의학적 연구가 국내에서는 제대로 이루어지지 않고 있다. 앞으로 버섯에 대한 인식이 높아지면 권위 있는 의료기관에서 정밀 연구하는 날이 올 것이다.

버섯을 재배해보면, 바로 옆에서 자라는 것이라도 서로 크기와 모양에 차이가 난다. 또 같은 자리에서 생육한 것일지라도 먼저 나온 것과 나중 나온 것이 크기와 형태가 다른 경우가 많다. 버섯을 키우면 아주 큰 것도 나오고 반대로 작은 것도 생겨난다. 마치 한 집안의 자손이 각양각색으로 태어나듯이 말이다.

현재 아가리쿠스버섯은 건버섯 상태, 생버섯, 건버섯을 분말로 만든 것, 다려서 그 즙을 멸균포장한 농축액 등이 주로 보급되고 있다. 각각은 서로 장단점을 가지고 있어 어떤 상태의 버섯을 먹어야 좋은가는 사용자의 사정에 따라 선택하면 된다.

생버섯   생으로 씹어먹을 수 있고, 육류와 함께 프라이팬에 볶아서 요리할 수 있는 생버섯은 판매량이 매우 적으며, 변질되기 쉬워 보관이 어렵다. 약효는 건버섯보다 못한 것으로 알려져 있다.

건버섯   대부분의 버섯은 건버섯 상태로 보급되며, 장기보존이 가능하고, 약효도 가장 높다. 그대로 씹어 먹을 수 있지만, 다려서 차로 마실 때 약효가 제일 강하다. 값도 가장 싸기 때문에 건버섯을 구입하여 직접 다려 먹는 것이 최상이다〈뒷 페이지에 소개〉.

가루버섯   버섯을 다리기 어려운 사정에 있거나, 여행을 다닐 때는 가루버섯을 물에 타서 먹어도 좋다. 다린 경우보다는 약효가 조금 부족하지만 권할만한 복용방법이다.

버섯 농축액(엑기스) - 많은 건강식품회사들이 버섯을 다린 농축액을 보급하고 있다. 비닐봉지에 멸균된 상태로 담겨 있어 복용하기가 간편하다. 그러나 이런 농축 제품은 값이 상당히 비싸다.

건조버섯과 액즙으로 만든 것 사이에 약효 차이가 크게 난다고 보기는 어렵다. 중요한 것은 어디에서 생산된 버섯이고 어떻게 가공된 것인지 생각하기 이전에, 어떤 형태이든 '아가리쿠스버섯을 먹는다'는 것이다.

약효를 보기 위해 얼마나 많은 양을 어떤 방법으로 먹어야 할 것인가? 여기에 대한 답은 뒤에 따로 자세히 소개한다. 환자들 중에는 속효를 보기 위해 복용량을 늘이고 싶은 분도 있을 것이다. 아가리쿠스버섯은 많이 먹어도 아무 부작용이 없다. 그 이유는 자체가 양송이나 다름없는 식용버섯이기 때문이다.

필자의 생각으로는 브라질 양의사 람바트씨의 처방이 매우 합리적이라고 생각된다. 그렇지만 미즈노 다카시 교수가 권하는 단순한 처방(뒤 페이지 아가리쿠스 건버섯 복용법 참조)으로 먹는 것도 무방하다.

우체국 통신판매 캐털로그에서 광고되고 있는 국내산 아가리쿠스버섯

좋은 생버섯 선별법

일반적으로 어떤 버섯이라도 생버섯은 잘 상한다. 버섯 내부에 섬유질과 리그닌 등을 분해하는 강력한 효소가 가득하기 때문이다. 생버섯은 냉장고에 보관하지 못한다. 예를 들어 아가리쿠스 생버섯을 영상 3~4도의 냉소에 보관하면 겨우 3일 정도 둘 수 있다. 그 이상 지나면 자루의 색이 갈색으로 변해간다. 변색되면 약효 성분도 감소하게 된다.

그리고 냉장하던 버섯을 바깥으로 들어내면 2, 3시간 사이에 갑자기 심하게 시들면서 갈변한다. 이것은 냉장고 안에 있는 동안 버섯 세포가 상한 탓이다. 버섯이 죽으면 세포 속의 효소에 의해 스스로 분해되는 현상이 일어난다.

일반적으로 생버섯은 오래 보관하기 어렵다. 아가리쿠스버섯은 더욱 어렵다. 그러나 냉장고에서 3일 정도 보관된다. 냉장고에서 나오면 즉시 요리해야 한다.

이것은 인체도 마찬가지다. 위장에 음식이 들어가면 모두 소화된다. 그러나 단백질로 된 위벽은 소화액에 변질되는 일이 없다. 이것은 위벽을 효소로부터 보호하는 물질이 위벽에서 분비되기 때문이다. 그러나 죽음에 이르면 그런 보호기능이 정지되어 모든 세포가 분해되기 시작한다.

아가리쿠스버섯을 생으로 구하려면 재배농가를 찾아가는 것이 좋다. 시중에 파는 생버섯이 있다면 잘 살펴보아야 한다. 생버섯은 자루의 색이 희고 깨끗할수록 싱싱한 것이다. 자루에 얼룩이 많거나 갈변 상태가 심하다고 생각되면 고르지 않는다.

버섯의 갓을 보았을 때, 연한 갈색 바탕에 작은 반점(인편 鱗片)이 잘 보인다면 신선한 것이다. 이런 생버섯은 보관하는 동안 물이 닿지 않아야 오래 간다. 버섯은 굳이 씻지 않아도 좋다. 버섯은 농약을 전해 사용치 않고 재배하는 무공해식품이다. 만일 흙이나 다른 것이 묻어 있으면 과도 등으로 긁어내고 그대로 먹거나 요리하는 것이 좋다.

아가리쿠스 생버섯을 조금 오래 보관하는 방법이 있다. 그것은 버섯을 깨끗한 종이로 싸서 영하 10도 이하에서 냉동보관하는 것이다. 이렇게 두면 1개월이 지나도 신선도가 유지된다. 그러나 냉동한 것을 외부로 들어내면, 녹으면서 바로 변질되기 시작한다. 그러므로 약으로 쓰거나 요리하려면 냉동고에서 꺼낸 뒤 30분 이내에 처리하도록 한다.

아가리쿠스버섯을 생으로 먹어보면 생밤을 씹는 것 같은 맛이 나며, 살구 씨 비슷한 고유의 향기가 난다. 그러나 끓이거나 요리를 시작하면 생버섯 때와는 달리 강한 냄새가 풍긴다. 높은 열에 의해 화학반응이 일어나면서 생겨난 이 냄새는 사람에 따라 나쁘게 느끼기도 한다. 그러나 버섯구이를 하거나 찌개에 넣어 끓이는 등으로 요리를 하면 냄새가 거의 없어진다.

시중에 아가리쿠스 생버섯을 요리하여 내는 식당도 있다는 말을 들었으나 찾아보지는 못했다. 값이 비싸거나 요리에 쓰는 버섯 양이 소량이거나 할 것이다.

아가리쿠스버섯은 생것이든 말린 것이든 갓이 피어나기 전에 수확하자마자 건조기에 넣어 60도 이하의 온도에서 10여 시간 이내에 말리도록 애쓴다. 그렇지만 모든 버섯을 다 제시간에 따고 말리기란 불가능하다. 일반적으로 잘 건조한 버섯은 전체적으로 색이 연한 황색을 띤 갈색이다 그 갈색이 진하게 느껴지거나 하면 수확하고 수 시간 지난 뒤에 말린 것이다. 만일 버섯의 갓 아래가 검은색인 것이 드물게 섞여 있다면 별로 문제 삼을 것이 없다. 그러나 건버섯이 전체적으로 검다거나 하면 건조를 잘못했거나 보관상태가 나쁜 것이다.

잘 말린 좋은 건버섯은 냄새가 고소하다. 만일 절은 것 같은 냄새가 난다면 보관 중에 수분을 먹은 탓이다. 건버섯을 집에서 보관할 때는 집안에서 가장 건조한 장소, 예를 들면 이불이나 옷을 넣어두는 장롱 안이 좋다. 만일 보관 도중에 나쁜 냄새가 나거나 하면 햇볕에 내놓아 말린 다음 다시 보관한다. 그러면 고소한 냄새가 회복될 것이다.

건버섯에 수분이 들어가면 버섯에 가득 들어 있는 중요한 약효성분과 효소들이 활동을 하게 되어 변할 수 있다. 건버섯을 냉장고에 넣어둔다면

건조한 아가리쿠스버섯은 전체적으로 연한 황갈색을 가진다. 제품 중에는 건조시간을 단축하기 위해 길이로 잘라서 말린 것도 있고 통버섯 상태로 건조한 것도 있다.

오히려 습기를 먹기 알맞다. 버섯을 꺼내기 위해 수시로 용기 뚜껑을 여는 사이에 습기를 흡수하게 된다. 이때 냉각된 버섯은 물리적으로 더 빨리 습기를 머금게 된다. 그러므로 냉장고 보존은 버섯을 전조상태로 오래 보관하기에 적당치 않다.

건버섯이 생버섯보다 약효가 더 우수

표고버섯과 구름버섯은 시장에서 생것으로 많이 팔고 있지만 영지버섯과 아가리쿠스버섯은 거의 전부가 말린 것이다. 영지버섯과 상황버섯은 생것 자체가 말린 것처럼 단단하다.

일반적으로 버섯은 말려서 팔고 있다. 생버섯은 즙액에 포함된 효소의 활성이 아주 강하기 때문에 생으로 두면 몇 시간 사이에 상하게 된다. 아가리쿠스버섯은 변질이 더 빠르다. 생버섯이 슈퍼마켓에 나오기 어려운 것은 이 때문이다.

얼른 생각하기에는 싱싱한 생버섯이 건버섯보다 더 약효가 좋을 것으로 보인다. 그러나 버섯의 경우는 그렇지가 않다. 건버섯이 더 강한 약효성분을 갖게 된다. 이것은 실험으로 나타나고 있다. 약효성분이 더 좋아지는 이유는 말리는 동안 약효가 유리한 쪽으로 화학반응이 더 진행될 때

〈표〉 아가리쿠스버섯의 성분분석표

(100그램 중에 포함된 양 1mg=1/1000g)

일반성분	단백질	39.64%
	지방질	3.68%
	섬유질	7.35%
	회분	7.89%
	당질	41.40%
미네랄	칼륨	3.36%
	인	1.01%
	나트륨	46.1 mg
	칼슘	45.0 mg
	철	19.7 mg
비타민	비타민B1	0.52 mg
	비타민B2	3.07 mg
	나이아신	44.2 mg
	엘고스테롤	383 mg

문일 것이다.

영지버섯과 상황버섯을 제외한 다른 대부분의 약용버섯은 수분의 90% 가까이 차지한다. 표고버섯이든 아가리쿠스이든 말린다고 해서 약효가 떨어지지 않는다는 점을 잘 이해해야 할 것이다.

아가리쿠스 건버섯 성분분석표를 보면, 단백질이 39~45%, 당질은 38~45%, 섬유질 6~8%, 회분 5~8%, 지방질 3~4%로 보고되어 있다.

버섯을 저온(60도 이하)에서 건조하면 영양분과 유효한 약효성분이 거의 변질되지 않고 그대로 남아 있다. 건버섯을 물에 넣으면 이들 유효물질이 녹아나온다. 그러므로 생버섯이 아닌 건버섯을 요리하더라도 그 영양가라든가 약효성분은 변함없이 모두 체내로 섭취되는 것이다.

아가리쿠스를 말릴 때는 자라난 모습 그대로 건조기에 넣기도 하고, 육질이 두터운 것은 길이로 쪼개어 건조시간이 적게 걸리도록 하기도 한다. 저온에서 가능한 빨리 말리는 것이 좋기 때문이다.

다시 말하지만 중요한 것은 생버섯보다 말린 버섯의 약효가 좋다는 점이다. 이것은 버섯을 말리는 동안에 약효성분이 항암작용에 유리하게 변환되기 때문이다. 실제로 어떤 변화가 일어나는지에 대해서는 정확히 알지 못하지만(항암 유효 성분인 다당체가 더 많이 생긴다고 추측하고 있다), 버섯을 다려보면 그것을 이해할 수 있다. 아가리쿠스의 겨우 생버섯을 끓일 때보다 건버섯을 다릴 때 더 냄새가 진하게 난다. 이것은 건조버섯에 약효성분이 더 많이 포함되어 있는 것을 간접적으로 증명한다고 볼 수 있다.

생버섯과 말린 버섯의 향기가 다르고, 생버섯을 끓일 대와 건버섯을 다릴 때의 냄새가 서로 틀린 것 등은 이런 변화 때문일 것이다. 일반적으로 표고버섯도 말린 것이 맛과 향기와 약효가 좋은 것으로 알려져 있다. 마른 표고버섯을 냉수에 불린 물을 꼭 짜서 마시면 감기에 잘 걸리지 않으며, 칼슘 흡수가 잘 되어 골다공증을 막아준다고 알려져 있다.

버섯 농축액(엑기스)은 어떤 것이 좋은가

버섯을 대형 용기에 넣고 다려서 액의 농도를 진하게 만든 것이 엑기스이다. 비닐봉지에 포장된 농축액은 보관해두고 먹기 편하다. 대신 시중에 팔고 있는 농축액 버섯은 건버섯보다 비용을 상당히 더 지불해야 한다. 엑기스는 건버섯을 다린 농축액을 비닐 팩에 넣어 살균한 뒤 밀봉한 것이다. 이런 농축제품은 제약회사나 식품회사에서 쓰는 가공장치를 사용하여 위생적으로 생산하고 있다. 제조사에서는 복용량을 계산하여 한 번에 먹기 좋도록 담아 두었다.

한약을 취급하는 약국에 가면 농축액을 만드는(다리는) 간이 시설이 있다. 그러므로 건버섯을 구하여 약국을 찾아가 부탁한다면 간단하게 농축액 포를 만들어 먹을 수 있을 것이다. 이렇게 농축 포장을 하면 매번 다리는 수고도 줄고 환자도 편하게 마실 수 있을 것이다.

농축포는 먹는 사람도 제조회사도 양쪽 모두 편리하다. 제조회사 입장에서 보면 건제품으로 포장해서 보급하기보다 농축포 제조가 손이 적게 가고 작업공정을 자동화하기 좋다. 건버섯으로 생산하려면 잘 자라고 모양이 좋은 버섯을 선별해야 하고 포장하는데도 손이 많이 간다.

농축 제품을 어떤 방법으로 먹는가는 제조회사의 처방에 따르면 될 것이다. 건버섯과 농축액 어느 쪽의 약효가 좋은가에 대해서도 따질 일이 아니다. 어느 것이라도 약효 차이는 크지 않을 것이기 때문이다. 다만 경제사정과, 버섯을 다릴 수 있는지 어떤지 개인 사정에 따라 결정할 일이다.

그런데, 농축액 제품의 문제점은 질이 좋은 버섯을 원료로 한 것인지, 아니면 저질품을 농축한 것인지 알기 어렵다는 점이다. 그러므로 좋은 버섯을 원한다면 상질(上質)의 건버섯을 구입하는 것이 이상적이라 생각한다.

그리고 버섯을 복용함에 있어 중요한 것은 주변 가족이 환자에게 정성을 다하는 것이다. 보호자가 정성스럽게 다려주는 것은 환자에게 안정과 용기를 주며, 그러한 마음이 쾌유를 빠르게 할 것이다.

국내의 아가리쿠스버섯 판매회사를 보면, 서울에만 해도 5,6곳을 넘는 업체들이 경쟁을 벌이고 있다. 판매방법도 다양하다. 외판사원을 활용하는 사업체도 있고, 우체국 통신판매 캐털로그나 통신판매회사 선전지를 통해 우편판매도 하며, 다수는 건강식품상을 통해 보급하고 있다. 최근에는 인터넷을 통해서도 10여 곳에서 판매하고 있다. 그리고 시내 종합병원 암병동에서 아가리쿠스버섯 선전지를 발견할 때도 있다.

그러나 종합병원이나 약국에서는 아가리쿠스 제품을 먹도록 장려하지 않고 있다. 특히 종합병원에서는 암환자가 의사의 처방 외에 다른 한방약이나 민간요법 약제의 복용을 좀처럼 용납지 않는다. 과학적 근거가 전혀 없는 건강식품이 주변에 범람하기 때문이다.

I 아가리쿠스 건버섯 복용법

1. 간단히 차를 끓여 먹는 법 :

다음의 복용법 즉 건버섯으로 차를 끓이는 법은 효과적이면서 간단한 방법으로서, 미즈노 다카시 교수가 권하는 방식이다.

① 건버섯 15그램과 물 750~1000ml(1리터)를 유리나 사기로 만든 용기에 담고 15분 정도 끓인다. 이때 금속제 냄비는 사용을 삼간다.

② 끓인 액을 냉장고에 넣어두고 하루 2회, 약 3일에 나누어 마신다 (하루에 건버섯 5그램을 먹는 계산이다).

③ 끓이고 남은 버섯에도 유효성분이 들어 있으므로 그대로 씹어 먹는다.

※ 이 방법은 재탕을 하지 않는 대신 끓이고 남은 버섯을 식용할 것을 권하고 있다. 만일 먹기가 마땅치 않으면 버섯을 건져 냉장고에 보관해두었다가 새로 건버섯을 달일 때 함께 넣고 끓이기를 바란다.

2. 가장 효과적으로 다리는 법

우리나라에서는 아가리쿠스버섯의 효능이 최근에야 겨우 알려지고 있지만, 일본에서는 양의사들까지 암 치료를 비롯한 각종 면역기능의 결핍에 의한 질환의 예방과 치료에 이 버섯을 이용하고 있다는 보도가 나오고 있다.

아가리쿠스버섯은 잘 말린 버섯을 달여먹을 때 그 효력이 가장 높게 나타난다. 생버섯이나 건버섯을 그냥 먹는 것보다 달인 버섯액의 효과가 높은 이유는, 끓이는 동안 면역효과(항암효과)가 높은 물질이 더 많이 화학적으로 합성되기 때문이라고 한다. 한약을 반드시 달여 먹는 것과 같은 이유이다. 암환자는 병원에서 실시하는 수술, 방사선치료, 항암주사치료를 받는 동안 이 버섯차를 물 대신 마시기 바란다. 항암치료에서 발생하는 부작용과 고통을 줄여주며 회복을 빠르게 한다고 알려져 있다.

버섯의 하루 복용양은 5~20그램이다. 다음은 한 사람이 3일간 먹을 양의 건버섯을 한 번에 달이는 방법이다. 버섯을 끓이는 그릇은 유리나 사기로 된 냄비나 약탕기 또는 전기약탕기를 사용하며, 금속제 냄비는 피하도록 한다.

끓이는 순서

1. 첫탕 물 1리터(맥주잔 가득 4잔)에 건버섯 12~60그램을 넣고 절반(맥주잔 2잔의 양)으로 줄어들도록 약한 불로 끓인다. 이렇게 달인 액을 유리병에 담아둔다(중간 크기 버섯 3~4개 무게가 약 5그램이다.)

2. 재탕 끓이고 남은 버섯에 물을 두 컵 다시 부어 1컵 양으로 줄어들도록 재탕한다. 재탕한 버섯액을 함께 보태면 맥주잔 3컵 분량의 버섯액이 된다. 이것을 냉장고에 넣어두고 반 컵씩 아침저녁(공복 시)으로 3일 간 마신다. 3일 이상 되면 상하기 시작한다. 매일 끓여서 보온병에 담아두고 들기 바란다.

3. 나머지는 먹는다

재탕까지 한 버섯이지만 아직도 약효가 많이 남아 있다. 어떤 분은 재탕할 때처럼 3탕까지 하여 마시고 있다. 그렇지 않으면 달이고 남은 버섯을 그냥 씹어 먹거나, 냉장고 보관했다가 찌개나 국에 넣어 먹고 있다. 버섯은 아무 것도 버리지 않는다.

※ 버섯 달일 때 불꽃이 강하면 잘 넘친다. 옆에서 지켜보면서 달이도록 한다. 약탕기에서 끓이면 요령이 금방 생길 것이다.

※ 포장된 건버섯을 다 먹고 나면 버섯 조각들이 남는다. 이것은 무명천으로 짠 작은 주머니에 담아 차를 끓이게 된다. 가루를 그냥 달이면 전부 넘쳐버린다.

※ 아가리쿠스버섯은 완전 무공해 조건에서 재배하고 있다. 건버섯은 구수한 냄새가 나지만, 끓이면 냄새가 달라지고 사람에 따라 이 냄새를 싫어하기도 한다. 이상스럽게도 버섯차를 마실 필요가 있는 사람에게는 나쁜 향기가 아니다.

※ 버섯차의 맛도 사람에 따라 다르게 느낀다. 대개 진할 때는 맛도 향기도 나쁘지만, 연하게 끓인 것은 대부분 부담 없이 마실 수 있다. 그래서 버섯차로 자주 마실 때는 연하게 끓여두고 수시로 드는 것이 좋다.

ㅣ 아가리쿠스버섯을 요리하는 기타 방법

아가리쿠스버섯술을 만드는 법

아가리쿠스버섯은 술에 담가두었다가 먹어도 효과가 좋다. 입이 큰
유리병을 구하여 소주 1.8리터를 담고 그 안에 아가리쿠스 건버섯
500그램을 넣는다. 뚜껑을 잘 덮어 2~3주일 두었다가 작은 소주잔으
로 식사 때 한잔씩 마신다.매일 조금씩 마시는 것이 중요하다.

분말로 만들어 가루약처럼 먹는 법

아가리쿠스 건버섯을 구하여 가루로 만들자면 다음과 같이 한다. 먼
저 버섯을 잘 말린 다음, 이것을 전기 믹서에 넣어 가루로 만든다. 가
루가 되지 않고 남은 큰 조각들은 모아서 다시 한 번 믹서에 돌린다.
이렇게 만든 가루버섯은 찻숟가락으로 하나씩 물과 함께 먹는다. 가
루를 요리에 넣어 먹기도 한다.

버섯 피클 만드는 법

오이 피클을 만들 듯이 아가리쿠스버섯 피클로 만들어 먹기도 한다.
피클을 만들 때는 생버섯이든 건버섯이든 먹기에 적당한 크기로 잘라
서 병에 담는다. 여기에 버섯이 잠길 정도로 식초간장을 넣어 1주일
정도 두었다가 하루 2~3개씩 꺼내 먹는다. 버섯의 약효와 식초가 가
진 기능이 합해져 맛과 효력이 더 좋아진다고 믿는 사람도 있다.

제4장

실험으로 증명된 아가리쿠스버섯의 위력

아가리쿠스버섯에서는 6종의 스테로이드가 분리되었는데, 그중 세린비 스테로이드라는 것이 헬라 암세포를 이용한 실험에서 암세포 증식을 억제하는 것으로 나타났다.

버섯 성분은 백혈구 킬러세포의 기능을 강화한다

항암물질의 효능이 얼마나 좋은지 확인 실험할 때, 쥐의 몸에 괴상하게 생긴 커다란 혹을 만드는 '사르코마 180'(sarcoma 180)이라는 매우 이상스런 암세포를 매우 잘 이용한다. 이 혹 속에는 쥐의 암세포만 들어 있는 것이 아니라 뼈, 신경, 혈관, 심지어 털에 이르기까지 여러 가지 세포와 조직이 뒤죽박죽 섞여 있다. 이런 기형 종양세포는 단 한 개라도 떼어 다른 건강한 쥐의 몸에 이식하면 역시 기형 종양으로 자라기 시작한다.

암학자들은 이 불가사의한 암조직을 이 쥐에서 다음 쥐로 몇 대에 걸쳐 영속적으로 이식하면서 여러 암실험을 하고 있다. 1960년대부터 실험에 쓰인 이 사르코마 180은 암의학자들에게는 하늘이 준 보물과도 같은 귀중한 연구 자료가 되어 있다. 이것은 마치 인체의 암세포 연구에 가장 자주 쓰이는 자궁암 표본세포인 '헬라세포'(제6장 참조)와 비슷한 것이다.

현재 사르코마 180은 암에 대해 연구할 때 가장 자주 이용되는 실험동물의 암조직이다. 예를 들자면, 연구자들은 생쥐의 몸에 이 기형종양을 옮겨 그것이 커다랗게 자라 불룩한 혹이 되기를 기다렸다가, 쥐에게 항암제나 기타 실험 약품을 투여하여 그것이 소멸되는지 어떤지 확인한다. 실제로 이 기형종양은 항암제 실험뿐만 아니라 암의 신비 그 자체를 밝히는 연구에도 여러 방법으로 이용되고 있다.

캘리포니아대학의 M. 고남 교수는 킬러세포(제 6장 참조)의 메커니즘을 해명한 의학자 중의 한 분으로 알려진 면역학의 세계 권위자이다. 그는 1994년에 일본 요코하마에서 열린 제1회 국제에이즈학회에 참석하여

기조연설을 하기도 했다. 1995년 1월, 고남 교수는 브라질 의사들이 모인 가운데 상파울로의 한 호텔에서 아가리쿠스버섯의 항암실험 결과를 놓고 강연했다. 그때 그의 발표 요지를 보자.

"인간의 면역 기능은 나이를 먹거나, 생활 속에서 너무 많은 스트레스를 받으면 줄어든다. 이것은 실험쥐를 대상으로 스트레스를 받으면 줄어든다. 이것은 실험쥐를 대상으로 스트레스를 주었을 때 킬러세포의 수가 급격히 줄어드는 것으로 확인된다. 그리고 세계적으로 볼 때, 대도시에 사는 사람들의 폐암 발생률이 높아지는 경향이 있다. 이것은 도시생활이 가져오는 스트레스와 자동차 배기가스, 담배연기 등과 관계가 있다."

"1981년 이후부터 사망원인 1위 자리를 암이 차지하게 되었다. 암으로 인한 사망자수는 점점 늘어나 이제 세 사람에 한 사람 꼴로 되었다. 사망원인 2위를 차지하는 뇌혈관질환인 뇌졸중은 약간 줄어들었지만, 폐암을 위시하여 대장암, 간암, 유방암은 증가하고 있다."

"우리의 백혈구 중에는 킬러세포가 10% 정도 차지하고 있는데, 이 킬러세포는 인간의 생사를 좌우한다. 왜냐하면 킬러세포가 면역의 주체가 되어 암세포와 싸워주기 때문이다.(제7장 참조). 그러므로 킬러세포의 힘이 약해지면 치명적이다. 그래서 많은 암학자들은 킬러세포의 기능을 강화하는 '면역활성제'를 찾고 있다. 이런 면역 강화제 역시 부작용이 없는 것이어야 한다."

그는 1990년에 표고버섯으로부터 AHCC라는 면역활성제를 발견하여 항암실험에서 상당한 효과를 얻었다. 그러다가 1994년에 아가리쿠스를 만나게 되어, 이 버섯을 이용한 실험에서는 보다 큰 가능성을 가진 결과를 얻게 되었다. 그의 실험은 다음과 같이 3가지 단계로 진행되었다.

※ 킬러세포가 증가한 첫 번째 실험

그는 쥐에게 아가리쿠스버섯 끓인 액을 26일간 먹인 뒤, 쥐 혈액 속의 킬러세포 수가 어떻게 변하는지 그 차이를 조사했다. 그 결과 버섯액을 먹은 쥐는 먹지 않은 쥐보다 킬러세포 수가 3배나 많이 나타났다.

※ 킬러세포의 면역력을 높여주는 두 번째 실험

이번에는 킬러세포의 면역능력을 조사했다. 버섯액을 먹여 키운 쥐와 먹이지 않은 쥐에서 같은 수의 킬러세포를 취하여, 이것을 쥐의 백혈병 암세포에 주사기로 찔러 넣어주고 3시간 뒤 그 결과를 보았다. 놀랍게도 버섯액을 먹인 쥐에서 뽑아낸 킬러세포는 암세포를 57.1%나 죽였고, 먹이지 않은 쥐의 킬러세포는 1.7%밖에 죽이지 못하여, 38배나 강력한 살상력을 보였다.

이 두 가지 실험 결과를 놓고 볼 때, 아가리쿠스버섯액을 먹인 쥐의 킬러세포는 단순계산으로 킬러세포수 증가 3배, 면역력 강화 38배, 이를 곱하면 114배나 높은 면역력을 보이고 있는 것이다.

※ 면역활성제 개발 가능성을 찾은 세 번째 실험

고난 박사는 백혈병 암세포만 아니라 다른 40종의 암세포에 대해서도 같은 실험을 하여 비슷한 결과를 얻었다. 이어서 고난 박사는 쥐가 아니라 암환자를 상대로 임상실험을 했다. 그러나 유감스럽게도 인체에서는 쥐에서처럼 두드러진 결과를 통해 표고버섯의 AHCC보다 강력한 새로운 면역활성제를 개발할 가능성을 제시하고 있다.

아가리쿠스버섯은 인터페론 생산을 높인다

버섯에서 추출되는 베타-디-글루칸이라는 물질이 암에 효과가 있다는 것은 오늘에 와서 정설로 되어 있다. 베타-디-글루칸은 화학자들이 다당체(polysaccharide)라 부르는 물질의 하나이며, 식물의 섬유질도 다당체에 속한다.

그간의 실험을 보면 과학자들은 정제한 베타-디-글루칸을 쥐의 피부에 주사하는 방식으로 암 발육과 소멸에 대한 연구를 해왔다. 그러나 일본 도쿄약과대학(東京都八王子市)의 야도마에(宿前利郞) 교수와 오노(大野尙仁) 두 교수는 쥐를 대상으로 좀 다른 방법으로 실험했다.

먼저 그들은 아가리쿠스를 물에 녹여 추출한 용액을 쥐의 피하(皮下)에 주사기로 넣어준 쥐와, 추출액을 입으로 직접 먹인 쥐 둘 사이에 어느 쪽에서 인터페론이 많이 생산되는지 조사했다. 여러 마리의 쥐를 구분하여 각각의 무리에게 농도가 서로 다르게 주사를 놓고, 일부 쥐에게는 양이 서로 다르게 입으로 먹이고(경구투여 經口投與) 하여, 7시간 반 뒤 혈액 중의 인터페론 생산량을 비교했다. 그 결과 주사보다 고농도의 버섯액을 입으로 먹인 쥐에서 인터페론 생산성이 훨씬 높게 나타났다.

주사를 주든 경구투여하든 인터페론이 증가한 것은 공통된 결과지만, 왜 입으로 먹인 것이 더 효과적인가 하는 새로운 의문이 생겼다. 이에 대한 해답을 찾기 위해 그들은 버섯을 끓여서 추출한 액과 그냥 냉수에서 우려낸 액의 약효를 비교 조사했다. 결과는 별 차이가 없었으나, 버섯 끓인 물을 먹인 쥐의 몸에 인터페론 생산량이 좀 더 많이 나타났다.

인터페론(interferon)이란 인체에 바이러스가 침투해 오거나 암세포가 생기면 그것을 퇴치하기 위해 우리 몸에 만들어내는 단백질의 일종이다. 인터페론은 거의 모든 바이러스를 공격한다. 또한 인터페론은 바이러스나 암세포가 인체 내에서 증식하기 위해 핵산을 형성할 때 그 과정을 방해하여 핵산 생성을 억제하는 작용을 한다.

인체 혈액에 인터페론이 있다는 사실은 1958년 영국의 아이작스와 독일의 린드만 두 박사가 발견했다. 처음에는 인터페론이 바이러스만 공격하는 것으로 알았다. 그러나 이것이 암세포에도 억제작용을 한다는 것이 알려지면서 암 치료에 적극 이용하기 시작했다.

인터페론은 우리 몸에서 항상 생산되고 있는 것이 아니다. 우리 세포는 바이러스가 침입한 이후라야 그때부터 인터페론을 만들기 시작한다. 바이러스에게 공격당한 인체세포는 결국 죽게 되지만, 그 세포에서 생산된 인터페론은 이웃에 있는 다른 세포를 자극하여 바이러스가 공격해왔다는 공급경보를 하게 된다. 그리고 인터페론으로부터 경보 자극을 받은 이웃 세포는 그때부터 자신도 인터페론을 생산하는 동시에 다른 이웃 세포에게도 적이 침입했다는 정보를 전한다. 이렇게 하여 차례차례 이웃 세포들이 인터페론을 만들면 결국 온몸의 세포가 바이러스 침입에 대항하게 된다.

인터페론이 하는 또 한 가지 역할은 킬러세포와 마크로파지(대식세포)와 같은 백혈구의 활동을 활발하게 만드는 것이다. 인터페론의 자극을 받은 이들 백혈구의 활동을 활발하게 만드는 것이다. 인터페론의 자극을 받은 이들 백혈구들은 더욱 맹렬하게 암세포를 공격하여 소멸시키는 것이다.

현재 인터페론에는 알파형, 베타형, 감마형 3가지가 알려져 있다. 알파 인터페론은 백혈구에서, 베타 인터페론은 섬유아세포에서 그리고 베타형은 T세포에서 생산된다. 이들 3가지 인터페론은 그 성질도 각기 다르

인플루엔자 바이러스. 바이러스가 인체에 침입하면 우리 몸은 바이러스가 증식하기 위해 만드는 핵산의 형성을 방해하는 인터페론이라는 단백질을 분비하여 퇴치하려 한다.

다. 이들 중에 감마형 인터페론이 암에 대해 가장 강력하게 작용하는 것으로 알려져 있다.

과학자들은 아직 발견되지 않은 인터페론이 더 있을 것이라 생각한다. 그리고 유전자공학적인 방법으로 이들 인터페론을 대량생산하는 방법도 연구하고 있다.

인터페론의 기능이 처음 알려지자, 당시 의학계에서는 인터페론을 잘 이용하면 암과 여러 가지 병을 극복하기 쉬울 것이라고 기대했다. 그러나 인터페론만으로 바이러스를 완전히 퇴치하기는 어려웠다. 그리고 인체로 하여금 인터페론을 더 많이 만들게 유도하는 물질을 발견하려고 노력했으나, 그런 가능성이 있는 유망한 물질은 모두 인체에 강한 독성을 가지고 있었다. 이런 상황에서 인터페론 생산을 늘여주는 부작용 없는 물질이 버섯에 함유되어 있다는 것은 큰 발견이 아닐 수 없다.

버섯을 끓여야 항암효과가 높다.

야도마에와 오노 교수는 그 다음 실험에서, 아가리쿠스의 인터페론 생산 문제가 아니라 면역효과가 어떤지 조사했다. 그들은 이 실험에 생쥐 몸에 암을 만드는 사르코마 180 암세포를 이용했다. 실험대상 쥐의 피부에 암세포를 이식한 다음, 매일 그들에게 2밀리그램의 버섯 추출액을 입을 통해 먹였다. 버섯액은 냉수로 용출(溶出)한 것과 끓인 것 두 가지였다. 35일이 지난 뒤 암억제율이 어느 정도인지 비교했다. 결과는 냉수 용출액을 먹인 쥐의 암억제율은 35.8%, 끓인 액을 먹인 것은 47.3%로 나왔다. 이번에도 끓인 버섯액이 더 좋은 암저지율을 보인 것이다.

두 학자의 마지막 실험 결과도 대단히 흥미롭다. 항암제나 방사선 치료를 받게 되면 부작용 때문에 혈액을 만드는 골수조직(뼈 자체와 혈구를 만드는 뼛속 조직)이 상하게 되어 백혈구가 감소하는 현상이 나타난다.

최종 실험에서 그들은 아가리쿠스액(냉수 용출액과 끓인 액)을 쥐에게 먹이면 그런 부작용이 얼마나 줄어드는지 조사했다.

실험을 시작하기 전에 준비단계로 연구자들은 쥐에게 항암제를 주사하여 인위적으로 골수조직이 손상되도록 만들었다. 그 다음 쥐를 3그룹으로 나누어 한 그룹에는 끓인 버섯액을 먹이고, 다른 하나에는 냉수 용출액을, 그리고 마지막 그룹에는 아무 것도 먹이지 않았다. 며칠 뒤 3그룹의 쥐들 혈액에 백혈구가 얼마나 생겨났는지 조사했다. 이번 실험에서도 끓는 물에서 우려낸 버섯액을 먹은 쥐의 혈액에 더 많은 백혈구가 생겨나 있었다.

버섯을 끓인 물이 더 좋은 효과를 나타내는 이유는 무엇일까? 그것은 면역작용의 주체가 되는 다당체들이 냉수보다 뜨거운 물에 더 잘 녹아나오기 때문이다. 냉버섯이나 말린 버섯은 직접 먹는다 해도 인체의 체온이 37도 정도이므로, 끓는 물보다는 온도가 너무 낮아 유효성분을 잘 녹여내지 못한다고 볼 수 있다.

야도마에 교수의 관점에서 볼 때, 주사보다 경구투여한 버섯액이 높은 면역작용을 보이는 이유가 또한 이상스럽다. 예를 들어 지금까지 개발된 면역요법약, 예를 들어 치마버섯에서 추출한 항암면역제인 소니필란은 반드시 피하주사를 해야만 90%의 억제율 효과를 나타내는 것으로 알려져 있다. 그런데 아가리쿠스버섯액은 주사보다 먹어야 큰 효과를 나타냈던 것이다.

그에게는 또 한 가지 큰 의문이 있다. 버섯에 포함된 다당체는 그 분자가 아주 크기 때문에 인체의 소화기관에서 모세혈관을 통해 몸 안으로 흡수되기 어렵다는 점이다. 그런데도 면역 효과를 가져오는 이유가 무엇인가? 이 의문에 대해 야도마에 교수는 이렇게 말한다.

"베타-디-글루칸과 같은 다당체는 주사를 하면 효과가 나타나지 않는다. 또 이들은 분자가 크기 때문에 입으로 먹는다고 해서 위장에서 흡수되는 물질도 아니다. 이런 점에서 보면 다당체가 항암 약효를 반드시 가지고 있다 하기도 어렵다. 다만 추정할 수 있는 것은, 베타-디-글루칸 이외의 다른 다당체라든가, 다당체가 아닌 성분이 있어서 항암효과가 나는지 또는 몇 가지 성분이 서로 상호작용을 하는지, 그 외 다른 이유가 있는지 조사해야 할 것이다."

버섯 중에서 최고 효과는 단연 아가리쿠스

아가리쿠스버섯의 항암효능에 대한 결정적인 비교실험은 도쿄대학 의학부, 일본국립암센터, 미혜대학 의학부, 도쿄약과대학 등에서 이루어진 15종의 버섯에 대한 항암 효과 실험 결과이다. 이들 연구소에서 사용한 버섯은 아가리쿠스버섯을 비롯하여 상황버섯, 저령(□쭉), 송이, 표고버섯, 비늘버섯, 팽나무버섯, 영지버섯, 구름버섯 등이었다.

그들은 15종의 버섯에서 추출한 농축액으로 두 가지 확인실험을 했다. 한 가지 사르코마180 암이 이미 불룩하게 발생해 있는 쥐에게 일정량을 먹여 그 암이 소멸되는 상태를 조사하는 것이었다.

그리고 다른 한 실험은 각종 버섯의 농축액을 먹이며 키우는 쥐들에게 사르코마180 암조직을 이식하였을 때, 어떤 버섯이 암조직의 성장을 잘 억제하는지(암저지율) 조사 확인하는 것이었다.

첫 실험에서 암조직이 이미 커다랗게 자라 있는 쥐들에게 각각의 버섯을 먹이자, 쥐들이 몸에 달린 종양들이 줄어들기 시작했다. 50일이 지난 뒤 암 진행상태를 조사한 결과, 저령이 90.0%, 상황버섯이 87.5%, 표고버섯이 54.5%의 암퇴치율을 보인데 대하여 아가리쿠스는 99.8%로 나타났다.

버섯이름	하루 복용량(mg)	완치율(%)	저지율(%)
아가리쿠스	10	90.0	99.4
상황(桑黃)버섯	30	87.5	96.7
송이(松栮)	30	55.5	91.2
표고버섯	30	54.5	80.7
운지(구름)버섯	30	50.0	77.5
느타리버섯	30	45.5	75.3
팽나무버섯	30	30.0	81.1
영지버섯	30	20.0	77.8

그리고 두 번째 시험인 암저지율 조사에서도 100% 효과를 낸 것은 아가리쿠스버섯이었다. 더군다나 아가리쿠스버섯 농축액은 다른 버섯의 하루 복용량인 30mg의 3분의 1인 10mg을 먹인 결과였다. 이때 실험에 쓰인 15종의 버섯 가운데 효과가 좋으면서 일반적으로 잘 알려진 8종의 버섯에 대한 시험 수치를 표에 나타냈다.(데이터는 미즈노 다카시 교수의 저서에서 인용)

버섯의 스테로이드 성분이 암조직을 공격

버섯으로 실시한 암조직 형성 억제 실험이나 암세포 소멸 실험 결과를 보면, 버섯 성분은 암이 생겨나지 않게 하거나, 암이 자라지 못하게만 하는 것이 아니라, 암세포를 직접 파괴하는 작용도 하고 있다. 이것은 어떤 물질이 암세포를 직접 공격하여 죽이기 때문이다.

항암효과를 가져오는 주성분으로 인정되는 베타-디-글루칸류는 암의 발생과 성장을 억제하는 물질로 인정된다. 그러나 암세포를 직접 공격하여 소멸시키는 물질은 스테로이드 계통의 물질이라 생각되고 있다.

버섯을 아세톤과 같은 액체 속에 넣으면 버섯 성분 중의 스테로이드 계통 물질이 녹아 나온다. 지금까지 버섯 용출액에서 여러 가지 스테로이드가 분리되어 나왔다. 이들 가운데 3종의 스테로이드는 자궁경부암 세포(헬라세포)의 증식을 억제하는 것으로 나타나 있다.

인체의 부신피질호르몬도 스테로이드 계통의 화합물이다. 자연계에서 스테로이드 물질은 독성을 가진 약용식물이나 버섯 속에서 발견되고 있다. 병원에서는 어떤 종류의 난치병을 치료할 때 일시적으로 스테로이드제를 환자에게 투여하기도 한다. 단기간 동안 그 효과는 대단히 좋다. 그러나 이 약제는 부작용 또한 심각하기 때문에 의사들은 아주 조심스럽게 제한적으로 쓰고 있다.

아가리쿠스버섯에서는 6종의 스테로이드가 분리되었는데, 그중 세린비 스테로이드라는 것이 헬라 암세포를 이용한 실험에서 암세포 증식을 억제하는 것으로 나타났다.

이상에서와 같이 아가리쿠스버섯은 암세포가 생겨나지 못하게 하는 항암(抗癌) 효과와 발생된 암을 없애주는 제암(制癌) 효과가 동시에 나타난다. 그러나 그렇다고 해서 인체에도 결과가 같게 나온다고 보장할 수는 없다.

암환자는 지푸라기라도 잡아야 한다

그렇지만 우리가 주목할 것은 버섯을 먹고 기적적으로 치유 효과를 보는 암환자가 많다는 점이다. 암이라는 공포에 사로잡힌 사람들에게는 암에 효과가 있다면 지푸라기라도 잡아야 한다. 환자에게 필요한 것은 암이 나을 수 있다는 희망이다. 그러므로 반신반의하더라도 기적을 기대하면서 항암버섯을 먹어보도록 해야 할 것이다.

아가리쿠스버섯으로 인체실험을 실시한 성공적인 기록이 한 가지 알려져 있다. 1994년 5월 서울에서 열린 '제2회 버섯의 효과에 대한 국제

왕성하게 자란 아가리쿠스버섯. 버섯은 퇴비 위를 덮은 흙을 뚫고 나온다. 버섯들은 한 장소에서 자라도 크기가 서로 다르다. 버섯은 농약을 사용치 않고 재배해야 하기 때문에 무공해 식품의 하나이다.

심포지음'에서 중국 난주(蘭州)의학원의 왕군지(王軍志) 의학박사가 발표한 내용이다. 그는 소화기계 악성종양 환자와 B형간염환자 각 20명을 방사선치료와 항암제를 같이 사용하여 일반치료를 시작했다.

왕군지 박사는 이들 가운데 10명의 환자에게 일반치료와 동시에 아가리쿠스 끓인 액을 3개월간 복용케 하면서 치유 결과를 비교해 보았다. 그의 조사에서 주목할 결과는 버섯액을 먹인 환자들은 불안감, 탈력감, 구토감, 식용부진 등의 부작용이 두드러지게 가벼웠을 뿐 아니라 혈액중의 헤모글로빈, 백혈구, 혈소판 수치가 모두 호전 되었으며, 면역 글로불린이 증가한 것을 확인했다는 것이다. 이것은 아가리쿠스버섯의 면역증강 작용이 임상적으로 증명된 예이다. 폐암 치료를 위해 방사선 치료와 항암제를 투여 받은 환자가 항암치료의 부작용을 쉽게 견디면서 완치된 예는 필자가 직접 목격하기도 했다(치료 사례 참고).

많은 치료 사례에서 아가리쿠스버섯의 효과는 불과 2, 3주 안에, 빠르면 3, 4일 째부터 나타나고 있다. 4주 동안에 먹어야 할 버섯의 양은 200 그램 정도에 지나지 않는다. 자신의 생명을 좌우하는 일에서 아가리쿠스버섯을 조금 먹어보는 시도를 마다한다는 것은 지극히 고집스러운 일일 것이다.

항암성분만 정제하는 방법

실험실에서 쥐 항암실험을 할 때 아가리쿠스버섯의 다당체만을 순수하게 분리하는 방법은 대략 다음과 같이 알려져 있다.

1. 먼저 버섯(자실체)에서 추출하려면, 말린 버섯 500그램에 물 1.5리터를 부어 섭씨 95도에서 3~4시간 끓인다.

2. 끓인 액을 여과지로 거른 다음 그 액을 다시 끓여 3분의 1로 농축시킨다.

3. 이 농축액에 같은 분량만큼 에틸 알코올을 넣으면 다당체만 바닥에 침전하게 된다.

4. 가라앉은 다당체를 에틸알코올로 씻고, 그것을 다시 한 번 에텔로 행궈낸 다음, 나머지를 진공건조시키면 0.6그램의 고분자 다당체가 남는다.

쥐 항암실험에서는 이렇게 얻은 다당체 10밀리그램을 10일간 경구투여하여 암억제율 100%를 얻고 있다. 위의 방법 외에 아가리쿠스버섯을 액체 배지(培地)에서 키워 그 균사(菌絲)만 건져 균사 속의 다당체를 추출하기도 한다. 아가리쿠스버섯을 키우는 배양액은 물 1리터에 글루코스 20그램, 효모 추출액 5그램의 비율로 넣어 만든다. 산도(酸度) 5.5가 되게 맞춘 배양액에 종균을 넣고 섭씨 30도에서 30일간 키운다.

균사가 충분히 자라면 이것을 원심분리기에 넣고 돌려 균사만 들어낸 다음, 여기에 7배의 물을 부어 섭씨 95도에서 2시간 정도 끓인다. 그 다음은 위에서와 같은 방법으로 다당체를 추출한다. 실험에서는 아가리쿠스의 균사에서 얻은 다당체 20밀리그램을 10일 동안 쥐에게 먹여 98%의 암억제율 결과를 얻고 있다.

다음으로 균사를 길러낸 배양액에도 항암제 성분이 녹아있을 것으로 예상하여, 배양액에서 성분을 추출한 실험도 있다. 실험에서는 배양액을 끓여 6분의 1로 농축한 다음, 여기에 같은 양의 에틸알코올을 넣고 섭씨 4도에서 하루 밤을 재운다. 다음에는 바닥에 침전한 물질을 원심분리하고, 이것을 아세톤과 에텔로 한 번씩 씻어낸다. 남은 것을 평상온도에서 진공건조하면 배양액 1리터에서 0.575그램의 고분자 다당체를 얻는다. 배양액에서 분리한 다당체 역시 99%의 암억제율을 보이고 있다.

제5장

버섯으로 암을 이긴 사람들의 체험기

일본에는 2002년 초 현재 아가리쿠스버섯에 대해 소개한 책이 20여 종 나와 있으며, 책마다 많은 치유 사례가 기록되어 있다. 그리고 일본에서 해마다 3, 4종의 신간이 발행되고 있다는 것을 증명한다. 하지만 우리나라에는 겨우 2, 3종의 책이 나와 있을 뿐이다.

다음에 소개하는 항암치료 사례는 미즈노 다카시 박사의 저서를 비롯한 여러 일본 책에서 발췌한 것이 대부분이다. 국내인의 치료 체험담이 적은 것은 아가리쿠스버섯 보급 역사가 길지 않아 사례 찾기도 어렵거니와, 효과를 본 사람이라도 대부분 공개를 꺼리고 있기 때문이다. 그리고 많은 사람들은 자신의 치료가 버섯이 아닌 다른 원인인지 모른다는 생각을 하고 있었다. 특히 여러 종류의 건강식을 복용할 경우 더욱 그러하다.

아가리쿠스버섯으로 암을 비롯하여 여러 가지 만성병에서 탈출한 사람 중에는 이 버섯을 '신의 버섯'이라 말하는 이도 있다. 그런 사람은, 고치기 어려운 각종 암을 비롯하여 간염, 알레르기, 피부염, 위염, 구내염, 설염, 베세트병(일명 베쳇씨병), 에이즈, 당뇨, 갑상선염 등의 치료약을 신께서 인간을 위해 아가리쿠스버섯에 감추어두었다고 생각하기 때문이다.

아가리쿠스버섯의 효능에 대한 선전광고지를 보면 대개 만병통치약으로 소개하고 있다. 지나친 선전은 오히려 효과를 의심스럽게 만들기도 한다. 그러나 면역강화라는 것이 실제로 여러 병에 효과를 나타낸다는 사실을 알고 나면, 만병통치약 같은 표현이 무리가 아니라는 것을 이해하게 될 것이다.

아가리쿠스는 염(炎)자가 붙은 질환이라면 거의 모든 병에 치료효과를 나타낸다고 볼 수 있다. 즉 간염, 위염, 피부염, 구내염 등은 바이러스나 세균감염에 의한 병이기 때문에 면역력이 부족하면 쉽게 걸리게 되고, 일단 발병하고 나면 치유가 어렵다. 염자를 쓰지 않은 세균에 의한 병으로 대표적인 것에 결핵이 있다. 유행성 감기, 기관지염, 폐렴, 결핵 이들 역시 면역력이 부족할 때 더 쉽게 걸리는 것이다.

　무거운 수레를 끌 때 혼자 힘으로는 꼼짝도 않던 것이 누가 조금만 같이 밀어주면 움직일 수 있는 경우가 있다. 마찬가지로 좀처럼 낫지 않던 병이지만 면역력이라는 보조자로부터 어느 정도 도움을 받으면 퇴치할 수 있다. 다음의 사례들은 아가리쿠스로부터 면역력 보조를 얻어 여러 종류의 암과 난치병에서 탈출한 사람들의 이야기이다.

1절. 암을 극복한 사람들의 이야기

Ⅰ 사례1: 방광암 폐암 동시 발생, 6개월 만에 퇴원

　42세의 회사원은 6개월 전부터 가끔 소변에 피가 섞여 나왔다. 병원을 찾은 것은 1994년 4월 4일이었다. 심전도 검사, 폐 엑스선 사진, 폐기능검사, 혈액검사를 한 결과 만성방광염이 악화되어 방광암으로 발전했으므로 수술해야 한다는 진단이 나왔다. CT 검사 등 이어진 조사에서 폐라든가 다른 곳에는 아직 암이 전이되지 않은 것으로 나타났다.

　4월 6일에 TUR-BT라는 방광 수술을 받았고, 4월 8일부터 항암제가 투여되었다. 주사는 오른쪽 다리 동맥으로 1시간씩 주입했다. 몸이 뜨거워지고 구역질이 나왔다. 날이 가면서 머리 특히 뒷머리가 몹시 아팠다. 방광암이 3단계까지 진행되어 있었기 때문에 동맥을 통해 직접 방광에 항암제가 주입되었다.

담배도 방광암의 원인이 된다기에 금연을 시작했다. 허리가 아파 일어나기 어려웠고 5월 9일경부터는 머리카락이 빠져나오기 시작했다. 불운하게도 6월 23일이 되자 방광암이 악화되어 완전히 잘라내는 수술을 받아야 한다는 것이다. 그 수술을 하면 남성이 제 기능을 하지 못하게 된다고 했다.

그는 시고쿠암센터로 병원을 옮겨 다시 진단받았다. 7월 7일 검사 결과는 그 사이에 폐암까지 발생해 있었다. 폐종양을 그대로 두면 올해를 넘기기 어렵다고 했다. 먼저 5일간 연속해서 항암주사를 맞기로 했고, 방광에는 방사선치료를 30회 정도 하기로 했다. 죽음의 공포로 잠을 이룰 수 없었다.

7월 19일부터 항암제주사와 방사선 치료가 시작되었다. 7월 21일 친구가 아가리쿠스버섯 추출액을 병원으로 가져와 "용기를 내! 꼭 나을 수

1996년 10월 25일 KBS 뉴스는 아가리쿠스버섯의 항암효과에 대해 보도했다.

있다고 생각해!" 하며 먹도록 권했다. 병원 치료를 받으며 먹어도 좋은지 의사와 상의했다. 의사는 본인이 좋다면 마시라고 했다.

7월 22일에는 혈소판이 너무 줄어 잠시 항암제 주사를 중지하기로 했다. 버섯액을 계속 마셨다. 친구는 "이것은 필요한 약이다. 절대로 낫는다"는 신념을 가지라고 했다. 방사선치료는 계속되었다. 8월 1일, 기분이 다소 좋아짐을 느꼈다. 8월 3일에는 놀랍게도 폐암조직이 점점 작아지고 있다고 했다. 의사들은 항암제 효과가 드디어 나타나기 시작했다고 말했다.

8월 9일에는 위내시경 조사를 했다. 항암제를 머근 사이에 위가 상해 출혈까지 하고 있었다. 8월 16일부터는 제2차 항암제 투여가 시작되었다. 그날부터는 식욕이 생겨 초밥과 생과자를 먹었다. 아가리쿠스 복용량을 두 배로 늘였다.

이때부터 투병은 전과 비교할 수 없이 쉬워졌다. 9월 초가 되자 방광암과 폐암이 반으로 줄었다고 했다. 의사들이 더 놀라고 있었다. 10월 18일 제4회 항암제 주사를 4일간 맞을 당시 암은 3분의 1로 축소되었다. 그는 암이 사라지는 것은 분명히 친구가 가져온 아가리쿠스버섯 때문이라고 믿었다. 그는 6개월 만인 그해 11월 17일 입원생활을 끝내고 퇴원했다.

┃사례2: 유방암 효과가 빨라 희망을 가지고 자꾸 마셨다

유방암을 치료한 46세의 일본인 주부 이야기이다. 그녀는 해마다 한 차례씩 종합검진을 받으며 그동안 별 탈 없이 지내왔다. 그러나 95년에 받은 검사 때 의사가 "오른쪽 유방에 응어리가 있다"고 말했다. 초음파사진에도 그것이 뚜렷이 나타났으며, 작은 유리구슬 만한 것이 단단하게 만져졌다. 의사가 "양성종양일 수도 있다"는 말을 해주기도 했지만, 그녀는 암이라는 생각이 들었다.

그녀 친구 중에 위암에 걸렸다가 아가리쿠스버섯을 먹고 치료한 사람이 있었다. 그녀는 그 다음날로 친구를 통해 버섯을 구해와 달여 먹기 시작했다. 부작용이 없다는 말을 들었기 때문에 그녀는 버섯액을 다량 마시기로 했다. 버섯 90그램을 넣고 6리터의 차를 만들어 2, 3주일 동안 마시도록 된 처방을 무시하고 그녀는 그것을 5일 만에 모두 먹었다.

버섯액을 마신 지 3일째부터 가슴의 응어리가 부드러워진다는 느낌이 들었다. 7일째 되던 날 그녀는 다른 병원을 찾아가 초음파 촬영을 했다. 그런데 초음파에는 응어리가 보였지만 엑스레이에는 나타나지 않았다. 의사의 말을 따라 조직검사를 했다. 반갑게도 암이 아니라고 했다. 그 뒤에도 그녀는 계속 차를 마셨다. 몇 달 지난 뒤 받아본 검사에서도 암은 나타나지 않았다.

| 사례3: 간암과 폐암으로 해를 못 넘긴다던 어머니가 산책을

도쿄에 사는 65세의 한 노부인은 8년 전에 만성간염에 걸려 그동안 입원과 퇴원을 반복해오고 있었다. 기어코 간염은 간암으로 변하여 간 전체에 퍼지고 말았다. 그러더니 이번에는 심하게 토혈까지 했다. 의사는 위궤양에 의한 출혈이라고 설명했다. 2개월이 지난 뒤 의사는 환자의 폐에 물이 찬 것 같다면서 엑스레이를 찍어보자고 했다.

사진에는 왼쪽 폐에 넓게 퍼진 암까지 나타났다. 폐암을 발견하기 이전부터 간암으로 이미 가망 없다고 판단하던 의사는 몇 개월을 넘기기가 어려울 것이라고 했다. 치료를 포기한 노부인은 자택요양을 하기로 하고 퇴원했다.

노부인은 따님이 간호했다. 그때 따님은 친구로부터 아가리쿠스버섯에 대한 이야기를 들었다. 따님은 버섯차를 만들어 매일 물 대신 마시도록 했다. 환자는 하루에 1리터 정도를 마셨다. 다리고 남은 버섯은 식초간장을 쳐서 드시도록 했다.

버섯액을 먹기 시작하고 1달 반이 지나 병원에 다시 갔다. 놀라운 결과가 나왔다. 폐암 상태가 줄어들었다는 것이다. 그때부터 노부인은 15일마다 재검을 했다. 폐암 증세는 아주 사라졌고, 간 기능 수치도 줄어들었다. 그때부터 노부인은 집 주위를 산책하기 시작했다.

| 사례4: 말기 폐암을 극복 퇴원한 59세 회사원

후쿠오카현의 이즈카시에 사는 마츠다씨는 하루 1갑 반 정도의 담배를 30년 동안 피워왔다. 10년 전부터 가끔 기침이 나긴 했어도 그것이 담배 탓이라고는 생각하지 않았다. 회사에서 단체로 건강진단을 받을 때면 의사가 담배를 줄이라고 하지만, 또 부인이 금연을 그토록 권했지만 '담배를 못 피울 정도라면 죽는 게 낫지' 하는 생각을 가지고 있었다.

출근길에 역 계단을 올라가는데 갑자기 기침이 그치지 않고 나면서 목에서 피가 섞여 나왔다. 출근하자마자 병원에 갔다가 그래도 입원하고 말았다. 부인이 병실로 잠옷을 챙겨왔다.

"선생의 폐에 그림자가 보이는데 자세히 알려면 며칠 걸립니다"하고 의사가 말했다. 입원 중에도 담배를 피웠다. 그러나 2, 3일 지나는 동안 미열이 계속되면서 체중이 줄기 시작했다. 칼륨신티그래피, 기관지조영 검사, CT 스캔 등 온갖 검사를 하면서 3주일이 지났을 때, 부인이 건강식 품상에서 버섯을 구해와 "이게 식욕이 생기게 하는 바이아그라래요"하면 서 마시라고 했다.

회사 사장이 병 문안을 왔다. "회사 일 염려 말고 완전히 나은 뒤에 출근하시오"하고 위로했다. 며칠이 지나자 정말로 식욕이 돌아오고 기침도 줄어들어 갔다. 간호원이 "뭘 마시세요?"하고 물으면 "비밀의 비아그라입 니다"하고 농담도 나왔다.

7월 장마가 지났을 때 부인은 "당신 병명은 폐문부침윤형(肺門部浸潤型)이라는 악성 폐암이래요. 수술하고 항암치료를 받더라도 곧 전이되어 3, 4개월 밖에 견디지 못한다고 했어요. 그래서 특별한 치료를 하지 않았 어요. 그리고 당신이 지금까지 마신 것은 아가리쿠스버섯 차인데, 이것은 식욕이 나게 하는 것이 아니라 면역력을 강화하는 효과가 있대요."

그는 놀라지 않을 수 없었다. 부인이 이런 이야기를 마츠다씨에게 할 수 있었던 것은 그 사이에 병소(病巢)가 확실히 줄어들어 암조직이 사라지 고 있었기 때문이었다. 10월에 이르자 그의 체중은 62kg으로 되돌아왔 다. 마지막 검사를 했을 때 암조직은 흔적도 없었고, 다음 날 퇴원했다. 의 사는 그의 회복을 불가사의하게 생각했다. 회사 사장은 "집에서 한 달만 더 쉬다가 출근하세요"하고 퇴원을 축하했다.

| 사례5: 간 적출수술(嫡出手術) 작전에 사라진 암세포

도쿄에 사는 사카이(酒井)씨(45세 회사원)는 이름(술의 우물)처럼 학창시절부터 거의 매일 술을 마시며 지내왔다. 회사에서 하는 정기검진 후 재검사 통보를 받았다. 의사가 그를 불렀을 때 긴장감이 엄습했다. 알코올성 간염에 간경변까지 갔다는 것이다. 그리고 의사는 그림을 그려가며 이곳에 2cm 직경의 암이 생겼으므로 수술로 절제(切除)하는 것이 좋겠다고 했다.

충격 속에 지나간 날 술 마시던 일들이 주마등같이 지나갔다. 고교 1학년과 초등학교 6학년 아이들 얼굴이 떠오르고, 불경기로 고전하는 회사 사정도 눈앞으로 덮쳐왔다. 부인과 상의도 해야 하고 회사 일도 정리해야 했다. 수술 날짜는 2주 후로 잡혔다.

사정을 말하기 위해 회사 총무부장을 만났다. 그때 총무부장은 자기 여동생이 자궁암이었는데 아가리쿠스를 먹고 나았다는 이야기를 하면서, 수술 전까지 2주 동안이라도 먹어보라고 권했다. 다음날 부장이 버섯을 가져왔다. 그는 먹으라는 양보다 2배를 먹기 시작했다. 인터넷을 뒤져 아가리쿠스에 대해 모두 찾아 읽어보였다.

2주가 지나고 수술 날이 왔다. 입원하자 다시 정밀검사가 시작되었다. 병실에 앉아 텔레비전을 보고 있었으나 걱정으로 스토리가 머리에 들어오지 않았다. 다음날 의사가 약속 시간보다 2시간이나 늦게 그를 찾았다.

"참 이상합니다. 그때는 확실히 암세포가 있었는데 이번에는 보이지 않아요." 재검을 했으나 결과는 마찬가지였다. 간 기능치까지 회복되어 가고 있었다. 퇴원 후 그가 부인과 총무부장과 함께 프랑스 식당을 찾아가 축배로 딱 1잔 마신 맥주는 그 동안 마셔본 술 가운데 최고의 맛이었다.

| 사례6: 대장암 수술도 간단, 항암제 부작용도 경감

치바현에 사는 28세의 처녀는 키 158cm에 체중이 57kg이었다. 하체가 굵은 그녀는 평소 육식을 좋아하여 채소를 잘 먹지 않았다. 늘 잘 먹고 잘 자고 했으나 변비 때문에 고생을 하기 시작했다. 4~5일 만에 때로는 일주일 만에 변을 보기도 했다. 설사제를 먹었더니 연필 굵기의 변이 계속되었다. 또 변의가 있어 화장실에 가면 변은 아주 조금 밖에 나오지 않았다.

그런 상태가 계속되던 어느 날 변에 피가 묻어 나왔다. 생리도 아닌데 이상했다. 며칠 후에 또 그런 일이 있었다. 피가 검은 색이었다. 건강진단 때 의사에게 이야기를 하자, 대장암일지도 모르니 검사하는 것이 좋겠다고 했다. 검사결과는 1주일 후에 나왔다.

결국 양성(陽性)으로 판정이 나고 적출(摘出) 수술을 받게 되었다. 그녀의 어머니가 그녀 아파트에 와서 지내면서 수술 3일 전부터 아가리쿠스를 다려 먹이기 시작했다. 텔레비전과 신문잡지 등에서 아가리쿠스가 면역부활작용(免疫賦活作用)을 하고 항종양활성(抗腫瘍活性)이 있다는 이야기를 자신도 들었기 때문에 먹기로 한 것이다.

병원에 입원하자 젊은 사람은 그녀뿐이었다. 수술은 의외로 간단히 끝났다. 의사의 말에 의하면, 아직 임파에 전이되지 않았고, 병소도 항문 가까운 직장이어서 내시경으로 보면서 절제했다고 했다. 또 종양이 더 컸더라면 인공항문을 할 뻔했으며, 앞으로 임신에는 지장이 없을 것이라 했다.

그러나 만일을 대비하여 항암제를 투여하는 화학요법 치료를 받기 시작했다. 항암제의 부작용에 대해 많은 말을 들었기 때문에 걱정이 앞섰다. 항암제 투여는 3주에 1차례씩 했다. 첫 번째 항암제 투여 후 약간 구토감이 나긴 했으나 심하지 않았다. 병실의 다른 환자들 말로는 두 번째 때 고통이 심할 거라고 했다. 그러나 두 번째도 참을 수 있을 정도였다.

간호원이 그녀 머리를 쓰다듬으면서 머리카락이 빠지지 않는 것을 이상스럽게 생각했다. 3회 째도 특별한 부작용을 느끼지 않고 무사히 넘어갔다. 의사는 참 잘 견뎌냈다고 하면서 앞으로는 야채를 많이 먹도록 하라고 충고했다.

수술을 간단히 해도 되었고, 그 후에 항암제 부작용을 잘 견딜 수 있었던 것은 아가리쿠스버섯이 자신의 면역력을 강화해주었기 때문이라고 그녀는 믿고 있다. 퇴원하고 1주일 만에 출근하자, 동료들이 날씬해졌다고 말했으나 실제로 그녀의 체중은 거의 줄지 않고 있었다.

| 사례7: 악성 임파종의 항암치료를 극복한 이발사

이발사인 기시모도(40세)씨는 5월 연후가 끝난 뒤 머리 오른쪽에 응어리가 만져져 감기 탓이라고 생각했다. 그러나 그것이 점차 커지는 것 같아 자주 오는 손님에게 이야기를 하자, 진찰 받아보는 게 좋겠다고 했다.

6월 2일에 검사결과가 나왔다. 진단은 악성 임파종으로, 정식 명칭은

'진행기저악성도(進行基低惡性度) B임파종'이라고 했다. 이 종양은 수술할 수도 없으므로 화학요법이나 방사선요법으로 암세포를 없애야 한다고 했다. 그는 두려웠다. 평소 자기에게 와서 이발하던 70세 정도의 한 신사도 임파종으로 반년 정도 고생하다가 화학치료를 견디지 못하고 돌아가셨기 때문이었다.

기시모도씨는 암이 빨리 커질 것이 두려워 6월 중순에 입원하여 항암제 링거주사를 맞기 시작했다. 부작용을 각오했지만, 열이 오르고 구역질이 계속되면서 식욕을 완전히 잃어버렸다. 체력 회복을 위해 억지로 먹으려 했으나 도저히 넘어가지 않았다. 병원식은 쳐다만 봐도 구역질이 올라왔다.

3주일 동안에 두 차례 항암제 링거주사를 맞았다. 부작용은 여전했다.

미국에서 판매되고 있는 일본산 아가리쿠스버섯 광고

심한 욕지기는 살고 싶은 마음까지 앗아가고 있었다. 차도가 없어 8월 중순에는 후쿠이시(福井市)의 큰 병원으로 옮겼고, 4일간 연속해서 주사를 맞았다. 링거병이 지긋지긋했다.

그럴 때 부인이 아가리쿠스제를 가지고 왔다. 며칠을 억지로 먹었다. 그러나 백혈구수가 300만에 불과하던 것이 700만으로 상승했다. 먹기 시작하고 20여 일 되었을 때는 그 동안 그토록 괴롭히던 구역질이 오래 전에 사라졌고 매일 공복감이 느껴졌다. 병원에서는 치료효과가 극적이라고 놀랐다. 그는 곧 퇴원했고, 입원해 있는 동안 너무 쇠약해져서 1달 정도 걷는 훈련을 한 뒤 옛 직장으로 다시 나가게 되었다.

▎사례8: 말기 식도암에서 쾌유한 공무원

키다가와씨(40)는 매일 담배 두 갑에 술도 지극히 좋아했다. 목 깊숙한 곳에 무엇이 걸린 듯 한 이상을 5~6년 전부터 느끼고 있었다. 그러나 정기검진 때 의사에게 말하면, "담배를 줄여라, 술을 삼가라" 소리만 했을 뿐 아무런 지적을 받지 않고 넘어갔다.

1주일간 담배를 끊어보았다. 그러나 상태가 그대로였다. 무얼 먹으면 삼키기가 불편해졌다. 그러나 알코올은 잘 넘어갔다. 등 쪽에 통증이 생기고, 일하기가 싫어지며 65kg이던 체중이 58kg으로 감소되어 갔다.

병원에서 식도암으로 확인되었을 때는 그의 암은 너무 진행되어 수술도 어려운 상태였다. 방사선요법으로 진행을 억제시키면서 상태를 보아 고주파 레이저로 식도를 넓혀야 할 것이라 했다. 담배도 술도 없는 날이 시작되었다. 방사선치료를 하게 되면서 피부가 검어지고 식욕을 잃었다. 멀미하듯이 심한 구역질이 계속되었다.

두 번째 방사선 치료를 시작했을 때 부인이 아가리쿠스버섯을 가져왔다. 물조차 마시기 싫은 상황에 부인의 강요로 버섯차를 마셔야 했다. 매일 아침저녁으로 먹었다. 이상스럽게 전과 달리 부작용이 심하지 않았다. 1개월 뒤에는 고주파 레이저로 식도를 넓히는 수술을 받았지만 경과가 좋았다. 그 후 방사선치료를 해도 구토감이 없었다.

그는 4개월 만에 퇴원했다. 구사일생한 그에게 의사는 말했다. "사실, 기타가와씨는 말기 암이었기에 회복되리라 기대하지 않았습니다. 레이저 식도 확대수술도 단지 생명연장을 위해 한 것이었습니다. 그런데 방사선 치료가 이런 효과를 가져오리라고는 상상도 하지 않았습니다. 이렇게 극적으로 낫게 된 것은 부인의 헌신적인 간호 덕분이었다고 생각합니다."

그 후 정기검진에서도 아무런 이상이 발견되지 않았다. 그는 의사에게 아가리쿠스버섯의 효과를 이야기해 보았지만 의사는 전혀 납득하려 하지 않았다.

| 사례9: 인두암(咽頭癌)에서 극적으로 탈출한 독신의 직장 여성

43세의 직장여성 유키코씨는 오른쪽 코가 자주 막히고 코피가 나는가 하면 냄새가 심한 콧물이 흘러내렸다. 난청 증세도 있고 두통이 계속되었다. 목구멍 입구에 종양이 생긴 인두암으로 판명되었다. 수술할 수도 없을 정도이고, 임파에 이미 전이가 된 것으로 나타났다. 외과수술보다 방사선

치료가 효과적이며, 임파절에 전이되었으므로 전신으로 퍼질 가능성도 있다고 했다.

도서관에 가서 인두암에 대해 조사했다. 조기발견 조기치료가 아니면 치료가 어렵다고 했다. 방사선치료를 시작하기도 전에 불안감으로 견딜 수 없었다.

유키코씨는 입원 전에 병원 안내실에서 중년의 한 부인을 만났다. 그녀는 자궁암으로 치료받았으나 경과가 좋지 않았는데, 아가리쿠스를 먹기 시작한 후 회복되어 지금은 3개월마다 정기검진만 받고 있다는 이야기를 했다.

그녀는 민간요법에도 관심이 있었으나 아가리쿠스에 대해서는 모르고 있었다. 그녀는 건강식품상에서 아가리쿠스 농축액을 1주일분 사서 방사선치료와 동시에 마시기 시작했다. 방사선치료를 받으면 기분이 나쁘고 무력감이 생긴다고 했으나 그녀는 그런 기분이 느껴지지 않았다. 계속 마시기로 했다.

놀랍도록 빠른 회복을 보이자, 의사는 자신의 처방이 주효한 것으로 믿었다. 2주 후에 재검사를 했을 때 암조직은 확실히 작아져 있었고, 두통과 코막힘이 날로 호전 되었다. 입원하고 1개월이 지났을 때 그녀는 건강상태가 너무 좋았기 때문에 가족들도 안심했다. 유키코씨는 수술도 않고 다만 방사선치료 1회만으로 퇴원하여 직장으로 복귀되었다.

▌사례10: 75세 어부의 후두암(喉頭癌)은 수술도 불가능, 그러나

고치시에 사는 어부 토다이씨는 아들과 함께 작은 어선으로 일생 바다에서 고기를 잡아온 어부였다.

건강하던 아버지가 1년 전부터 약간 목이 쉰 소리를 했다. 담배를 많이 태운 탓일 것 같아, 아들은 담배를 줄일 것을 당부했다. 아버지 대답은 "바다의 사나이가 담배 못 피우는 날이면 끝이야!" 하며 들은 척도 하지 않았다.

그러나 식사 때 목에 뭐가 걸린 것 같다는 말을 하기 시작하고, 식사량이 줄어들었다. 병원에 가지 않으려는 아버지를 간청하여 내과를 돌아 구강외과에 갔다. 목구멍에서 발견된 폴립(작은 혹)의 조직을 잘라내어 정밀검사를 한 결과, 악성의 후두암이 진행되고 있다며, 성대 제거 수술을 한 뒤에 방사선치료를 받아야 된다고 했다.

곧 입원했다. 아버지는 충분히 살았으니 입원할 것 없다고 고집을 부렸다. 의사의 설명에 따르면, 성대 수술을 하고 나면 가슴과 배 근육을 사용하여 소리를 내는 식도발성(食道發聲)을 하거나, 전기진동으로 소리를 내는 인공후두를 사용할 수 있으므로 염려할 것 없다고 했다. 또 식도발성법을 지도하는 '은령회'(銀鈴會)라는 곳이 있다는 말을 듣고 아버지와 함께 그곳에 가보았다. 그 모임은 성대 수술받은 사람들이 모여 서로 격려하는 조직이었으며, 그들이 내는 식도발성음은 좀 특이했다.

식도발성으로 노래도 할 수 있다는 말에 처음에는 약간 흥미를 가졌으나, 식도발성을 하기 위해서는 특수 훈련을 받아야 한다는 말을 듣고는 의욕을 잃어버렸다. 또 인공후두로 내는 소리는 억양이 없어 마치 로봇이 말하는 것 같았다. 아버지는 "인공후두든 식도발성이든 모두 싫다"며 완강히 수술을 거부했다. 의사가 그렇다면 방사선치료를 하자고 했으나 그것도 싫다고 했다. 동료 어부가 임파종양으로 방사선치료를 받고 괴로워하다가 1년만에 사망한 일이 있었던 것이다.

결국 암이 더 진행되지 않도록 약물에 의한 항암치료가 시작되었다. 구역질이 매우 심하고 머리카락이 빠졌다. 두 번째 항암치료를 마치자 환자는 상태가 더 악화되었다. 가래에 피가 섞여 나오고 머리의 임파도 부은 것처럼 느껴졌다. 끝내 의사도 포기하고 자택치료를 허용했다. 그것은 자택에서 죽는 날을 기다리는 것이었다.

암에 효과가 있다는 것을 사방에 알아보다가 아가리쿠스버섯을 알게되었다. 복용 2주일이 지나자 가래의 피가 없어지고, 6주째에는 바닷가까지 산보를 나가게 되었다. 목소리도 정상으로 돌아왔다. 의사가 포기한 후두암환자가 기적처럼 회복된 것이다. 2주마다 정기진단을 받기도 하고 퇴원했으나 3개월 만에 의사를 찾아갔다. 후두암이 작아졌다고 했다. 다시 1개월 뒤에 검진했을 때는 아주 없어졌다는 진단을 받았다.

| 사례11:방광암 적출 않고 전이 없이 사라지다

도쿄 근교에 살면서 도쿄 회사로 출근하던 하나시마(51세)씨는 소변에 피가 섞여 나오는 것을 발견하고 놀라 바로 병원을 찾았다. 그는 30세 때 담배를 끊었고, 술도 과음하지 않았으며, 주말마다 운동을 하여 좋은 건강을 유지해오고 있었다.

검사결과 1.5㎜ 정도 크기의 폴립이 방광 표면에 생겼다고 했다. 수술을 하지 않고 면역요법으로 매주 1회 결핵예방접종에 쓰는 BCG를 방광에 주사했다. 그러나 이런 치료에도 부작용이 뒤따라 음식이 목구멍으로 넘어가지 않았다. 불행하게도 1개월이 지나자 점막에 종양이 확대되어 방광을 들어내야 하게 되었다. 예상외로 암이 깊게 들어가 있었던 것이다.수술을 받고 나면 소장을 이용하여 새 방광을 만든다고 했으며, 괄약근을 조절해서 자연스럽게 소변을 보도록 하는 하우트만이라는 최신 치료법이 있다고 하면서 훈련되지 않으면 실금(失禁)한다고 했다. 직장에서는 직원을 줄이고 있는 형편이라 여러 달 휴직하게 된다는 것은 큰 고민이었다. 또 그 병원 환자 중에는 방광수술을 받고도 전이가 되어 2달 후에 죽은 사람도 있었다.

그는 수술이 두려워 다른 병원에서 재진을 받았다. 결과는 마찬가지였고, 다만 수술을 않는다면 BCG와 방사선치료를 함께 해야 했다. 면역치료와 방사선치료를 시작하기 전날 부인이 아가리쿠스버섯을 가져옴으로써 그의 운명은 바뀌게 되었다.

버섯을 먹었다. 부작용이 아주 가벼웠다. 1개월 정도 지나자 아랫배가 거북하던 증상이 사라졌다. 간호원이 말했다. "하나시마씨는 모범환자입니다. 암이 아주 작아 졌어요." 퇴원 3개월 후 정기검진에서 그는 암 징후가 전혀 보이지 않는 것으로 판정되었다.

| 사례12: 수술이 불가능한 자궁체암 3기에서 원기 회복

이시가와현의 사노(59세) 부인은 45세에 폐경하고 2년 뒤 냉이 심해 의사를 찾았으나 그때는 아무 이상이 발견되지 않았다. 그런데 1년 전 여름 심한 출혈이 있으면서 체중이 53kg에서 45kg으로 급감해버렸다.

자궁체암(子宮體癌) 3기라고 했다. 자궁을 적출해도 되지만 너무 많이 퍼져 화학요법을 써야 하며, 전이될 가능성도 있는데 그렇게 되면 2년이 시한이라고 했다. 사노 부인은 차라리 조용히 죽는 것이 좋겠다고 생각했다. 그러나 가족들이 가만 두지 않았다.

죽기 전에 여행이나 하자고 4일 동안 전 가족이 북해도를 다녀온 뒤 입원했다. 그날 며느리가 아가리쿠스를 가져왔다. 이 버섯에 대한 이야기는 몇 번 들어본 적이 있지만, 초기 암도 아닌 3기 상태에서 효과가 있으리라는 믿음이 가지 않았다.

1개월이 지나는 사이에 체중이 47kg으로 늘어났다. 출혈은 계속되고 있었으나 출혈량은 상당히 줄었다. 정기 검진을 하고 나서 두근거리는 가슴으로 의사의 말을 기다렸다. 놀랍게도 암이 작아져 가는 경향이 있다고 말했다. 그날부터 사노 부인은 더 많은 양의 차를 마시기 시작했다. 1년이 지난 지금 그녀의 자궁체암은 완전히 사라졌다.

| 사례13: 뇌종양을 이겨낸 8세 어린이

초등학교에 입학한 고다마군은 부모가 결혼하고 8년 만에 얻은 매우 귀한 아이였다. 그런 고다마가 2학기에 들어서는 "학교 흑판 글씨가 잘 안 보인다, 교과서의 글도 잘 볼 수가 없다"는 말을 했다. 부모는 아이가

공부하기 싫어 그런 소리를 하는가 보다 하고 대수롭지 않게 생각했다. 그러자 이번에는 머리가 아프다고 하고 토하기도 했다.

고다마의 어머니는 마침 임신 8개월째에 접어들어 몸이 무거운 몸으로 아이를 병원에 데려갔다. 성탄절을 며칠 앞두고 혼자 진단결과를 알기 위해 의사를 만난 고다마의 어머니는 뇌종양이라는 말을 듣자 그 충격에 미친 사람처럼 되었다.

어린이에게 가장 잘 발생하는 암이 뇌종양이며, 글리오마(glioma)라고 하는 신경교종(神經膠腫)으로 시신경이 침해당하고 있다고 했다. 엄마의 얼굴만 빤히 바라보는 어린 고다마에게 "수술을 받으면 낫게 되고, 그때 다시 학교에 가자"고 설득했다.

학교에 연락하자, 40대의 여교사가 급히 달려왔다. 그녀는 면역력을 높여주는 아가리쿠스버섯에 대해 이야기하면서 고다마에게도 먹여볼 것을 권했다. 다음날 입원하여 정밀검사를 하고, 며칠 뒤에는 부분적으로 종양을 적출하여 내부 압력을 감소시키도록 했다. 8시간이 걸린 수술이었다.

머리에 구멍을 냈으니 후유증이 있으면 어쩌나, 재발하면 또 어떻게 하나 끝없는 걱정이 앞섰다. 아이가 집중치료실에 있는 동안은 아가리쿠스를 마시게 할 수 없었다. 1주일 후 집중치료실에서 나오자 그날부터 아이에게 "이거 선생님이 가져왔는데 먹으면 빨리 낫는데"하고 먹이기 시작했다.

병원에서는 부수적으로 아이에게 방사선치료를 했다. 아이의 회복 속도는 병원에서도 소문날 정도로 빨랐다. 고다마의 학급 친구들도 전철을 타고 병문안을 왔다. 아이 때문에 그 동안 충격이 많았으나 어머니는 고다마의 동생을 다행히 순산했다. 고다마는 완전히 건강을 회복했고 1년 휴학 뒤 다음 2학기에 복학하게 되었다.

| 사례14: 전립선암에서 완전 해방된 회사 중역

야마구치현의 마에가와(62세)씨는 2년 전에 전립선암이라는 진단을 받았다. 일본인에게는 비교적 적게 나타나는 전립선암은 임파절이나 뼈로 전이되기 쉬운 악성종양으로 알려져 있다. 대학병원에서 그는 정소(精巢) 적출 수술을 받고 방사선요법과 호르몬 치료를 받았다. 비교적 발견이 빨라 적출수술을 하더라도 남성 기능에는 별 지장이 없을 것이라 하여 안심하고 수술을 받은 것이다.

그는 62세의 나이에도 그때까지 남성을 젊게 유지하고 있었다. 성공적으로 수술이 끝나고 3개월 만에 퇴원했다. 전이나 재발의 후환이 두려워 호르몬요법 치료를 받게 되자, 식욕이 떨어지고 덩달아 성기능도 완전히 감퇴하고 있었다.

그는 그때서야 아가리쿠스에 대한 정보를 얻게 되었다. 버섯을 복용하기 시작하고 3일 만에 식욕이 되살아나는 것을 느꼈으며 체력도 회복되어 갔다. 퇴원 2주 만에 그는 회사에 다시 출근했다. 매월 정기검사를 한 지 6개월이 지나자, 성기능도 전처럼 되살아나 바이아그라 이상의 효과를 내고 있었다. 더욱 신기한 것은 10년 전에 대장에서 발견된 작은 폴립까지 없어져버린 것이다.

| 사례15: 피부암으로부터 살아난 노부인

73세 되던 해 피부암이 발생하여 10년 동안 치료를 받으며, 그 사이에 2번이나 수술까지 해야 했던 노부인이 있었다. 그러나 부인은 더 이상 수술조차 할 수 없는 상태가 되어 의사로부터 집으로 돌아가라는 최후통첩을 받았다. 그 사이 항암제 치료를 받느라 머리카락도 다 빠지고 없었다.

그때 63세 된 노인의 아들이 친구로부터 레이건 대통령도 아가리쿠스 버섯으로 피부암을 고쳤다는 이야기를 들었다. 반신반의했지만 믿을만한 친구가 해준 이야기라 그 아들은 곧 버섯을 구해와 84세에 이른 노모에게 다려드리기 시작했다. 규정된 양보다 많이 마시도록 했다.

하루가 다르게 병세가 좋아졌다. 노부인은 원기가 난다고 하면서 식사도 잘 하게 되었다. 1달쯤 지난 뒤 병원에 갔다. 담당의사는 믿을 수 없다는 얼굴로 환자를 보면서, "항암제 투여를 잠시 중단해보자"고 했다. 그 정도로 환자가 달라진 것이다.

노부인은 아가리쿠스차를 계속 마시면서 병원 치료도 받았다. 8개월이 지나자 머리카락도 다시 자라나오기 시작했고, 혼자서 산책도 나가게 되었다. 지금 노부인은 더 이상 병원에 가지 않고 아들의 농사일을 거들고 있다.

▌사례16: 위 전부를 들어내고 전이를 방지한 위암 환자

호카이도에 사는 회사원 시마무라(55세)씨는 평소 육식을 좋아하는 사람인데, 지난 97년 위가 무거워 병원을 찾았을 때 위암이 상당히 진행된 상태라는 진단을 받았다. 결국 위를 전부 들어내는 수술을 받았고, 항암

치료동안 고통스러웠으나 경과는 좋았다.

그러나 2년이 지난 뒤 체중이 급격히 줄면서 표정도 그렇고 목소리까지 생기를 잃어갔다. 다시 병원을 찾았을 때, 임파에 전이가 되고 식도에도 병소가 보인다고 했다. 백혈구 수가 7600이던 것이 서서히 줄어 3200으로 내려가고, 혈소판은 22만에서 14만으로 떨어져 갔다.

그도 이런 상태에서 아가리쿠스를 먹게 되었다. 버섯차를 마시기 시작하고 약 1개월이 지나자 몸에 조금씩 생기가 살아나고 혈색이 돌아오면서 체중이 약간 불어났다. 재진단을 받았을 때 임파와 식도의 암이 작아지고 있었다. 이렇게 하여 시마무라시씨는 잃었던 체중을 4.5kg이나 만회하고, 백혈구 수 7200, 혈소판 수 30만으로 회복되었으며, 전이된 암은 흔적도 없어졌다.

| 사례17: 위암 재발을 염려하지 않게 되었다

72세의 한 사업가는 회사에서 실시한 건강진단을 받고나서 암으로 의심되는 작은 그림자를 위장에서 발견하게 되었다. 그 나이가 될 때까지 큰 사고도 없었고, 잔병을 모르며 매일 바쁘게 살아온 그에게 암일지 모른다는 생각은 두려운 충격이었다.

암센터에서 정밀검사를 받은 결과, 의사는 암이 초기 단계에 있으므로 개복하지 않고 내시경으로 수술할 수 있다고 했다. 일주일 뒤 입으로 내시경을 넣어 암조직을 절제하는 수술을 받았다. 집도의는 수술이 잘 되었으니 안심하라고 말했다.

수술 후 그는 병원에 2주일간 더 입원해 있었다. 그 사이에 같은 병실에 있던 한 환자가 "한번 병원에 오면 또 오게 되나 봐요. 난 3번째 입원이랍니다"라는 말을 했다.

퇴원한 그는 "암은 1년, 3년, 5년 만에 재발한다"고 주변에서 하는 말들이 두렵게 들렸다. 그는 그 시기에 출판된 미즈노 다카시 교수의 아가리쿠스버섯에 대한 책을 보게 되었다. 그는 곧 아가리쿠스를 구해 차를 다려먹기 시작했다.

1개월, 3개월, 6개월, 1년 매번 정기검진을 받았다. 이상은 발견되지 않았다. 그리고 이제 그는 3년을 넘기면서 예방차원에서 아가리쿠스버섯 차를 매일 한잔씩 마시고 있다. 수술이 잘 끝났더라도 언제 암이 재발할지 모른다는 두려움이 남아 있으면 생활이 불안할 수밖에 없다. 중요한 것은 재발하지 않는다는 자신감이다.

┃ 사례18: 후두 폴립이 작아졌다

주문 양복회사를 운영하는 47세의 사장은 5년 전부터 매일 영지버섯 차를 마시고 있다 그가 영지차를 마시게 된 것은 내시경 검사 때 우연히 목구멍에서 작은 돌기(폴립)가 발견된 이후부터다.

당시 의사는 "폴립은 수술로 제거하는 방법이 있지만, 그것이 커지지 않고 그대로만 있다면 별 문제가 없다"고 말했다. 수술이 싫었던 그는 해마다 정기검진을 받기로 했다. 그때까지 건강에 대해 별로 신경 쓰지 않고 살아온 그는, "암에 걸려 죽을 사람이 영지버섯을 먹고 나았다"는 이야기를 우연한 기회에 들었다.

그는 자신에게도 효과가 있지 않을까 하는 생각이 들어 그때부터 매일 영지차를 마시게 되었다. 1년 뒤 검진 때 의사는 폴립이 작아졌다고 말했다. 그는 좋아하는 담배도 피우고 커피도 마시며 지내왔다. 폴립이 아직도 조금은 남아있지만 더 자라지는 않고 있다. 폴립이 작은 상태로 있는 것은 영지버섯 차 때문이라 믿고 있다.

| 사례19: 의사 몰래 버섯을 먹은 대장암 환자

하와이 여행을 앞두고 건강 체크를 하기 위해 병원을 찾아간 61세의 중소기업 사장은 의사로부터 '신경성 위염'이라는 진단을 받았다. 아나나 다를까 하와이로 출발하기 전날 그는 토혈까지 하며 쓰러지고 말았다. 응급차에 실려 간 그를 진료하던 의사는 장에 폴립이 있다는 것을 발견했다.

그는 3일간 입원해 있다가 퇴원하고 2개월 뒤 다시 검진을 받았다. 그때 의사는 "폴립이 전보다 자라 있으니 위험하다"고 했다. 불행히도 폴립은 항문 바로 옆에 생겨 있어 폴립을 제거하면 항문까지 수술해야 한다는 것이다. 만일 인공항문을 하게 된다면 바지에 늘 채비를 달고 다녀야 할 것이었다.

항문을 수술하기보다는 차라리 죽는 게 낫다고 생각한 그는 수술을 거부했다. 그러나 주변 가족들의 설득으로 결국 장 내시경 수술을 받기로 결정했다. 그때 병문안 온 사람이 "아가리쿠스차를 먹으면 폴립이 작아지기도 하지만 상처가 빨리 아문다"고 하면서 "장도 피부세포이기 때문에 빨리 재생될 수 있지 않을까"하는 이야기를 했다.

수술 날을 기다리며 의사 모르게 버섯 농축액을 매일 먹기 시작했다. 그때 내시경 수술을 하기로 했던 의사는 폴립이 너무 커서 메스로 수술하지 않으면 안 된다고 했다. 환자는 의사에게 사정했다. "지금 버섯 농축액을 먹고 있는데 혹시라도 폴립이 작아질지 모르니 며칠만 기다렸다가 수술해주십시오."

"버섯을 먹어 암이 낫는다면 세상에 의사가 필요 없지!"하고 의사는 말했다. 그러나 환자는 인간의 자연치유력에 한 가닥 기대를 하면서 좋다는 식물성 게르마늄가지 먹었다.

버섯을 먹기 시작하고부터 다행히 폴립이 작아졌기 때문에 의사도 놀랐다. 의사는 수술 규모를 줄여 내시경 수술을 하자고 했다. 그러나 수술 직전에 그것이 대장암으로 발전한 것을 알게 되었다. 다시 폴립 세포검사를 했다. 결과는 최악이었다. 의사의 설득에 못 이겨 그는 하는 수 없이 항문까지 수술하고 봉합했다. 배변을 할 수 없으므로 의사는 배 옆에 인공 항문(바이패스)를 달아 배설하도록 했다.

식사는 못해도 약과 물은 마실 수 있었다. 그는 의사 몰래 버섯액을 계속 먹었다. 입원생활이 계속되었다. 의사는 경과가 아주 좋다고 말해주었다. 수술 상처가 빨리 아물어 1개월 만에 바이패스를 치우고 항문을 원상으로 재수술하게 되었다.

그러나 며칠 뒤, 암조직을 들어내고 꿰맨 자리가 터지는 장파열 사고가 생겨 3개월을 더 입원해야 했다. 자연 치유력이 좋아진 탓인지 1개월 만에 수술 받은 항문은 가스까지 나오도록 완전히 회복되었다. 그는 절망 상태에서 자신을 구한 것이 버섯이라 믿고 있다.

┃사례20: 방사선의 부작용이 없어진 유방암 환자

유방암 수술을 받은 지 6년이 되는 43세 된 한 부인의 이야기이다. 그녀는 어찌된 일인지 기력이 점점 쇠약해져 갔다. 의사의 진단을 받았다. 의사는 그 자리에서 세포검사를 하고 유방암으로 의심된다고 말했다.

초기 상태였으므로 유방을 보존하면서 암세포만 적출하고 상처자리에는 방사선 치료를 받기로 했다. 일단 퇴원하여 통원치료를 하던 중에 그곳 병원 간호사로부터 버섯의 효과에 대한 이야기를 들었다. 그때부터 부인은 버섯 차를 마시기 시작했다. 얼마 안 지나 수술 자리에 작은 암세포가 남아있는 것이 발견되었다. 다시 방사선 치료를 받느라 5주일간 입원하게 되었다.

같은 입원실에 든 암환자를 보면 방사선치료 부작용으로 머리카락이 다 빠지고 수술자국은 마치 화상을 입은 듯 했다. 하지만 그 부인은 화상 자국도 없고 머리카락도 빠지지 않았다. 일반적으로 방사선치료를 받으면 식욕이 떨어진다고 들었으나 그 부인은 늘 잘 먹었고 퇴원할 때는 체중이 오히려 2kg이나 늘어 있었다.

그 부인은 3개월마다 체크를 한지 벌써 6년이 지났다. 콜레스테롤이라든가 간 기능도 아주 정상이다.

┃사례21: 유방암에서 회복한 38세의 부인

일본 사이다마켄의 한 부인은 어릴 때부터 감기가 잘 걸려 학교에 가지 못하는 날이 잦았다. 고등학교를 졸업하고 직장에 나가도 감기가 떠나지 않는 체질은 변하지 않았다. 그녀는 체력 강화를 위해 테니스를 시작했다. 처음에는 토요일만 가다가 익숙해지자 수요일 오후와 일요일에도 나가 주3회 운동을 하게 되면서 감기가 잘 걸리지 않게 되었다.

그녀의 남편은 테니스장에서 운동하다 친하게 된 사람이다. 결혼 후 시댁 가까운 코시가야 지방으로 이사를 하게 되었다. 그곳은 숲이 많은 곳이었고 테니스장이 없어 운동을 중단해야 했다. 시간이 지나자 다시 감기가 잘 걸리더니 아기까지 태어났는데 감기 체질은 변하지 않았다. 근처 병원을 찾아가자 의사는 알레르기성 비염이라고 진단했다.

이런 상태에서 2년 전 여름, 생리가 끝나고 1주일 가량 지난 뒤 남편이 그녀의 젖가슴 양쪽 모양이 달라졌다는 말을 했다. 그녀의 가슴은 큰 편이고 아기를 낳았어도 그 모양은 변하지 않았다. 오른쪽 가슴에 응어리가 있음을 느끼게 되면서 걱정이 앞섰다. 3년 전 그녀의 이모가 유방암에 걸렸고 수술을 했으나 발견이 늦어 2년 만에 세상을 떠난 것이 마음에 걸린 것이다.

대학병원에서 유방암으로 진단이 나왔다. 순간 그녀는 모든 것이 캄캄해졌다. 그러나 의사는 종양 크기가 2센티미터 정도라 유방 온존(溫存) 수술을 하면 표가 별로 나지 않을 것이라고 했다. 온존수술이란 종양이 있는 부분만을 제거하는 것으로, 이 온존수술을 받을 수 있는 사람은 전체 유방암 환자의 20~30%라고 했다.

수술을 받았다. 별로 아프지는 않았으나 재발과 전이 방지를 위해 상사선 치료와 동시에 항암제와 호르몬제를 복용하는 화학요법 치료를 받게 되었다. 그러자 몸 상태가 매우 악화되면서 머리카락이 빠지고 손톱색깔도 변했다.

퇴원하자 남편이 친구로부터 소개받았다면서 아가리쿠스버섯을 가져왔다. 방사선치료와 화학치료를 받은 처음 1개월 동안은 버섯차를 먹지 않았다. 그러나 버섯차를 마시기 시작하자 곧 그 효과가 느껴지기 시작했다. 병원에서 항암치료를 받는 동안 고통 받는 사람들을 많이 보았는데 자신은 아주 쉽게 지낼 수 있었다.

전이(轉移)나 재발을 확인하기 위해 수시로 혈액검사를 받았다. 1년이 지나도 아무런 증상이 발견되지 않자, 의사는 이젠 염려 안 해도 된다고 했다. 가슴의 모양도 거의 차이가 없었다. 그뿐만 아니라 긴 세월 그녀를 괴롭힌 감기가 지금은 잘 걸리지 않고 있으며 알레르기성 비염도 치료되었다. 지금 그녀는 다시 테니스를 시작했다.

| 사례22: 췌장암 말기에서 회복한 노인

오키나와의 한 농부(76세)는 성격이 부지런하여 밭에 나가 할 일이 없으면 풀을 베거나 복토(覆土)를 했으며, 집에 있는 날이면 잠시도 가만히 있지 않았다. 그런데 봄부터 상복부에 이상한 통증이 느껴져 뭘 잘못 먹어 위염이 됐나 생각했다. 명치 부분의 통증이 그치질 않아 8월에 병원을 찾았다.

초음파와 십이지장 내시경 검사를 한 결과 췌장암으로 진단이 났다. 난생 처음 병원에 입원한 그는 결국 췌장과 십이지장을 들어내는 수술을 받았고 종양 마크가 정상치로 돌아온 9월에 퇴원했다. 체력도 상당히 회복된 상태에서 전이와 재발 방지를 위해 항암제도 복용하고 매달 1차례 혈액검사를 받았다.

그러나 다음 해 2월 임파선으로 암이 전이된 것이 발견되었을 때 그의 CA 종양 마커는 12,000이었다. 입원하여 항암제 주사를 맞기 시작하자 이틀 만에 구토감이 심해지고 기력이 쇠진해졌다. 음식도 먹지 못하고 체

미국의 일본인 시장으로 진출한 건강식품 광고의 맨 윗자리에 '자기면역력을 높여주는 미라클 파워 아가리쿠스버섯'이라고 선전하고 있다.

중이 5kg이나 빠졌다. 주사 맞은 팔뚝의 혈관이 검게 변했다. 1주일 후 퇴원하여 3주일쯤 지나자 상태가 좋아지면서 종양 마커는 4,500으로 호전되었다. 식욕도 약간 돌아오고 체중도 늘었다.

그러나 9월이 되자 요통(腰痛)이 생기고 속이 매우 거북해졌다. 엑스선과 내시경 검사를 했으나 이상은 발견되지 않았다. 그러나 식욕이 없어 억지로 먹으면 토하게 되고 체중은 다시 6kg나 줄었다. 10월에 영양제 주사를 맞기 위해 입원했다가 3일째에 혈액검사와 CT검사를 받았다.

의사는 장(腸)의 종양이 커져 변 보기가 어렵게 되었고 해를 넘길 수 있을지 모르겠다는 말을 했다. 절망상태로 퇴원한 그는 친지의 권유로 아가리쿠스버섯을 다려먹기 시작했다. 물론 효과가 있으리라는 기대를 하지 않았다. 아침과 저녁 한 잔씩 마신 그 다음날은 심한 복통이 엄습하여 입원했다가 응급처치까지 받고 퇴원했다.

그래도 버섯차를 계속 마시기 시작하고 일주일쯤 지나자 복통은 가벼워지고 기분이 나아지며 변도 약간 나오게 되었다. 동시에 식욕이 일어 유동식(流動食)을 먹게 되었다. 이때부터 버섯차를 하루 3잔씩 먹었다. 12월부터는 고형식(固形食)을 들게 되었고 체중도 약간씩 늘어 갔다. 3개월 뒤 그는 손수 운전하여 병원을 찾았다. 놀란 사람은 의사였다. 해를 넘기기 어렵다던 그 농부는 지금 2년이 지났지만 건강을 유지하고 있다.

| 사례23: 부작용 없이 자궁암에서 벗어난 42세 주부

생리 때가 아닌데 출혈이 있는 것을 발견한 게이코씨는 갱년기가 되어 이런가 생각하다가 출혈이 심해져 병원을 찾아갔다가 자궁암이라는 진단을 받았다. 병실이 모자라 2주 후에야 겨우 입원했고, 입원하고서도 3일 뒤 수술을 받았다. 다행이 암 병소가 크지 않아 전이될 위험은 적다고 했다.

그러나 방사선치료와 화학치료를 받게 되자 수술과는 다른 고통을 참아야 했다. 입원한지 55일 만에 겨우 퇴원했다. 그런데 퇴원 후 첫 정기검진에서 종양 마커가 상승한 것이 발견되어 지금까지 고생한 것이 수포로 돌아가고 있었다. 그녀는 집에서 항암제 투여를 다시 시작했다. 그 부작용은 병원에 있을 때보다 더 심했다. 음식을 준비하다 말고 토하고, 점차 기력을 잃어가고 있었다.

항암제 투여 시작 3일째 되는 날 남편이 아가리쿠스버섯을 가져와 항암치료 부작용을 막아준다면서 다려 먹도록 했다. 항암제와 동시에 버섯차를 마셨다. 정말 부작용이 현저히 감소되었다. 2개월이 지나자 게이코씨는 발병 후 처음으로 깊은 밤을 잘 수 있었다. 그 동안 그녀는 하루도 편한 잠을 자지 못하고 있었던 것이다.

부작용이 전혀 없어지자 그녀의 아침은 매일 유쾌한 기분으로 시작되었다. 조직검사 결과 암은 재발하지도 전이하지도 않았다. 항암제를 끊고 아가리쿠스만 복용한지 2년이 지났지만 게이코씨는 건강하다.

| 사례24: 갑상선암에서 신기록으로 회복한 초등학교 교사

요코하마시의 초등학교 교사 야마모토(51세)씨는 교사 생활 25년째를 맞았다. 그해 여름방학이 끝나갈 즈음 여름감기가 든 것처럼 열이 나고 목 상태가 이상했다. 목소리가 잠기더니 며칠이 지나도 사라지지 않았다. 개학하고 3일째 되던 날, 이번에는 왼쪽 목 아래에 단단하면서 둥근 응어리가 만져지는 것 같았다. 피곤해서 그런가 생각하며 며칠을 더 지내다가 2학기를 맞이했다.

37도까지 오른 열이 내려가질 않아 학교 담당의사에게 진찰을 받았다. 혹시 암일지도 모르니 정밀검사를 받아보라고 말했다. 목의 응어리가 더 커진 것처럼 느껴졌다. 가장 이름 있는 병원을 찾아가 초음파검사, CT 스캐닝, 천자흡인세포진(穿刺吸引細胞診)으로 검사한 결과 갑상선암으로 확인되었다.

"내가 왜 암에!" 충격과 절망이 엄습했다. 의사는 "갑상선암이지만 악성은 아니므로 외과수술로 간단히 치료 됩니다. 염려마세요. 그러나 방치하면 뼈나 폐로 전이되는 경우가 있습니다. 그렇게 되면 기관지를 절개하여 목으로 숨을 쉬어야 합니다."라고 상상도 하기 싫은 말을 했다.

절망상태의 그에게 의사는 "수술 받고 1개월 뒤에 집에서 2~3개월만 요양하면 학교에 다시 나갈 수 있다"며 용기를 주었다. 그러나 교사로서 아이들에 대한 책임감이 그의 마음을 아프게 했으나, 수술을 결심했다. 9월 25일 학생들에게 그의 사정을 통보했다.

병원으로 가는 날 아침, 담임반 학생 중에 T군의 어머니가 아가리쿠스 버섯을 가져와 자기의 노어머니가 말기 췌장암에서 회복된 이야기를 들려주었다. 그래서 교사는 입원하는 그날부터 버섯차를 마시기 시작했다. 이틀 뒤 4시간이 걸린 수술이 끝났다.

그이 회복은 대단히 빨랐다. 의사들이 '이건 세계 신기록이다.'라고 할 정도였다. 그도 그럴 것이 그는 수술 후 16일 만인 10월 15일에 퇴원할 수 있었던 것이다. 그리고 일반적으로 갑상선암 수술 후에는 갑상선 호르몬 약을 투여하지만, 그는 그럴 필요도 없이 회복되었다. 또 갑상선암은 수술해도 재발하거나 임파에 전이되는 경우도 흔하지만, 그는 완전히 건강을 되찾아 학교에 출근하고 있다.

┃ 사례25: 유방암이 골암(骨癌)으로 전이되었으나 회복된 주부

주부 준코(53)씨가 왼쪽 가슴에서 1.2cm 크기로 자란 악성 종양을 발견한 것은 97년 정월 초였다. 5년 전에 그녀의 언니가 유방암을 늦게 발견하여 수술을 받았으나 결국 세상을 떠난 일이 있었으므로 충격이 더욱 컸다.

되도록 빨리 수술해야 한다고 하여, 1주일 후에 깨끗하게 유방온존수술을 받았다. 퇴원 후에는 통원치료 하면서 방사선요법 치료와 항암제 복용을 계속하여 상태는 상당히 호전되었다.

그러나 불행하게도 다음 해 8월, 간과 골 그리고 흉막(胸膜)에 암이 전이된 것이 발견되었다. 다시 입원하여 간에 항암제를 주입하고, 호르몬계의 항암제를 복용했다. 증상이 다소 호전되어 퇴원은 했으나, 간과 골과 흉막에 전이된 암에 대해서는 수술할 수가 없었다.

매주 1차례 칼슘 혈관주사를 맞아야 하고, 매일 2회 항암제를 먹어야 하며, 1달 간격으로 항암제 링거를 맞아야 했다. 이런 생태가 99년 여름까지 계속되었다.

그때 대학에 다니는 아들이 아가리쿠스버섯 정제(定制)를 가지고 왔다. 이 버섯에 대한 이야기는 병원에서도 몇 차례 들었던 터라, 부인은 그날부터 정제를 먹기 시작했다. 2개월이 지났을 때 의사는 간암의 크기가 작아지고 있으며, 골암도 호전되고 있다고 말했다. 정제는 건버섯 가루로 환을 만든 것이다.

준코 부인은 건버섯을 구해 다려먹기 시작했다. 늘 식욕이 좋았다. 이렇게 1년을 지내자 의사로부터 "이제는 염려하지 않아도 되겠다"는 말을 듣게 되었다. 매월 정기검진을 받지만, 부인은 걱정 않고 병원 출입을 하고 있다.

┃ 사례26: 1년 선고받은 위암을 극복하고 완치

다른 부위에 암이 전이되기 전에 당장 수술받지 않으면 1년 이상 살기 어렵다는 위암 진단을 받은 58세의 회사원은, 지금까지 암이라는 무서운 병에 대해 한 번도 염려해본 적이 없었다. 암담한 그는 일시적으로 죽음도 각오했다. 그러나 모든 것을 의사에게 의지할 수밖에 없었다.

다행이 수술은 잘 끝났고, "5년 안에 재발하지 않으면 완치"라는 말도 들었다. 직장에 복귀하기는 했지만 늘 재발에 대한 검은 두려움이 따랐다. 수술받은지 3년째에 든 어느 날 위에 통증이 있어 검사를 받았다. 걱정하던 대로 암세포가 다시 증식하여 위에 많은 폴립이 생겨 있었다.

"이제 수술은 불가능하다"는 것이 의사의 말이었다. 항암제 치료가 시작되었다. 그럴 즈음 친구로부터 아가리쿠스버섯에 대한 이야기를 들었다. 버섯을 먹으면 항암제 부작용이 없어지고 아픔이 줄어든다는 말을 처음에는 믿을 수 없었다. 그러나 버섯은 화약약품이 아니라 식료품이기에 먹어도 나쁜 영향은 없으리라 생각했다.

버섯을 먹기 시작하고 10여 일이 지나자 이상스럽게도 위통이 가벼워졌으며, 트림과 구역질이 없어지면서 식욕이 생겨나기 시작했다. 14일째 되던 날 검사에서 놀라운 일이 일어났다. 작은 폴립들은 모두 없어지고 큰 것 하나만 남아있다는 것이다. 큰 차도를 보면서 어쩌면 완치될지 모른다는 기대감이 생겼다. 주변에서 놀라지 않는 사람이 없었다. 그는 퇴원하기까지도 의사에게 버섯 먹었다는 말을 하지 않았다고 한다.

┃사례27: 간암 수술 뒤부터 복용 시작, 2년 경과 안심

65세의 한 회사 중역은 2년 전에 간암 수술을 받고 지금까지 지내오고 있다. 그는 수술 후 1년 6개월이 지난 다음부터 아가리쿠스차를 먹기 시작했고, 오늘에 이르도록 아무런 이상 없이 잘 생활하고 있다.

일반적으로 간암 수술 뒤에 암 조직이 일부 남아 있었다거나 전이된 상태였다면 1년 이내에 암이 재발하는 경우가 많다. 그러나 꼭 아가리쿠스버섯 때문이라고 말할 수는 없으나 그는 그 사이에 체중이 4kg이나 늘었다. 몸에 불어날 수 있다는 것은 건강하다는 것을 증명한다.

한편으로 그는 골프도 즐기고 있다. 정기적으로 받고 있는 혈액검사에서 아무런 이상이 나타나지 않고 있다. 간암 수술 뒤 5년이 지나도 무사하다면 완치된 것으로 알려져 있다. 현재 그는 아가리쿠스차를 계속 먹으면서 건강에 대해 자신감을 느끼고 있다.

| 사례28: 폐암 극복을 위한 투병 완치 기대

53세의 회사원이 폐암에 걸렸다. 암조직이 폐동맥과 임파절을 두루 싸고 있어 수술도 불가능했다. 그는 항암제를 암조직에 점적(点滴)하는 방법으로 치료받기 시작했다. 항암제 치료에 들어가자 의사가 예고한대로 설사, 구토, 식욕감퇴, 백혈구 감소 등의 부작용이 나타났다.

머리를 감으면 머리카락이 다발로 빠져나와 세면대의 배수구를 막기 시작했으며 체중이 마구 줄어들었다. 그를 면회 온 사람 중에는 너무 수척해진 그를 알아보지 못하고 간호사에게 재확인하는 이도 있었다.

병원에서 무엇을 마시기조차 어려워진 그는 모든 것을 포기하고 퇴원했다. 그때 그의 아들이 구해온 아가리쿠스버섯 연구에 대한 비디오를 보았고, 그날부터 버섯차를 마시기 시작했다.

복용을 시작하고 2개월 사이에 체중이 3kg이나 늘어나고 안색이 좋아지면서 점점 기력을 되찾았다. 그는 차츰 집안 페인트도 하고, 산나물을 뜯으러 밖에 나가보기도 했다. 이제 정원 화분을 돌보고 나뭇가지도 자르며 한가하게 매일을 보내고 있다.

뢴트겐 검사에서 암조직이 작아진 것으로 나타났다. 그는 암이 전이되지 않았을까 하는 염려를 조금은 하면서도 버섯차를 마시면서, 완치될 수 있다는 신념을 다지면서 잘 지내고 있다.

I 사례29: 종양 마커가 130에서 정상치 5로

도쿄에 사는 45세의 사업가는 95년 4월에 대장암이 발견되고 뒤따라 간에도 전이된 것이 판명되었다. 그는 4월말에 대장암 수술을 하고, 남아 있는 간암조직에는 체내로 연결한 기구를 통해 항암제를 주입하게 되었다.

8월부터 그는 아가리쿠스를 복용하기 시작했다. 3일 동안에 1리터를 마시라는 처방을 따랐다. 2개월 뒤인 10월 검사에서 암 진행 정도를 나타내는 CEA 종양 마커가 130이던 것이 5로 내려가 있었다. 종양 마커는 건강인이라면 1~2수치를 나타낸다. 130이라면 이건 절망적이다.

의사는 항암제 치료효과가 나타나는 것으로 생각하여 "대단히 순조롭다"며 기뻐했다. 그는 버섯을 달이고 남은 것도 아까워 기름에 볶아 소금 쳐서 먹고 있다.

I 사례30: 시한부 삶을 편안하게 연장한 폐종양 환자

폐종양에 걸린 어머니를 간병하던 일본인 따님의 이야기이다. 그녀가 어머니의 폐종양이 간에까지 퍼진 것을 안 것은 90년 말이었다. 발견이 너무 늦어 어머니를 치료할 수 있는 약이 없다는 것을 알면서도 가족들은 어머니를 입원시켰다.

간에 가느다란 관을 꽂아 그 속으로 항암제를 넣는 치료를 시작했다.

며칠 뒤부터는 통원치료를 하게 되었다. 그때부터 집에서 아가리쿠스차도 드시도록 했다. 처음에는 하루에 50그램이나 다려드렸다. 항암제 치료를 받으면 열과 구토가 낙 머리카락이 빠질 것이라 했다. 그러나 버섯 탓인지 어머니는 원기 있는 모습으로 "고통을 느끼지 않는 것만도 다행이다"고 말하고 있었다.

91년 4월말쯤부터 어머니는 다리와 무릎, 허리에 심한 통증이 생겨 일어서지도 못하게 되었다. 그래서 2주마다 하는 정기검진에도 나가지 못하게 되었다. 6월에야 병원에 갔다. 그 사이에도 어머니는 식욕을 잃지 않고 변도 매일 보았다. 어머니는 너무 말라 형편없는 모습이었지만 혈색만은 핑크색이고, 간이 나쁜데도 황달은 오지 않았다.

그녀의 어머니는 결국 세상을 떠났다. 그러나 그녀는 "어머니가 돌아가시기까지 통증 없이 지낸 것만도 얼마나 다행인지 모른다"고 말한다.

┃ 사례31: 위암환자는 통증만이라도 없기를 바랐다

다음은 92년에 위암과 투병하다 세상을 떠난 한 일본인 노인의 아들이 보내온 이야기이다.

아버지는 92년 1월에 위암인 것을 알았고, 3월에 수술을 받았다. 그러나 엄지손가락 만한 종양이 위 외벽에서 내벽까지 퍼져있어 시한부 삶을 살게 되었다.

아버지는 통증이 워낙 심해 가족들까지 고통스러운 날을 보내게 되었다. 특히 어머니가 수면부족으로 무척 지쳐 있었다. 그러던 어느 날부터 아가리쿠스차를 드시게 되었다. 며칠이 지나자 통증이 믿을 수 없을 만큼 줄어들어 편안히 주무시게 되었다.

불과 몇 개월 동안이었지만 아버지는 복수가 줄고 체중도 약간 늘었으며 식욕과 혈색도 좋아졌다. 몸이 편해지자 아버지 스스로 버섯차를 잘 드셨다. 그러나 복용하기 시작한 시기가 너무 늦었는지 9개월 만에 아버지는 돌아가셨다. "좀 더 일찍 알았더라면"하는 후회가 남아 있다. 아버지가 생전에 "이것은 이제까지 먹던 약들과 다르다. 먹기가 쉽고 냄새도 좋구나. 그리고 통증이 없어 편하다"하신 것만으로도 다행으로 여기고 있다.

| 사례32: S자 결장암이 사라지고 혈당치가 내려갔다

65세의 T씨는 S자 결장암 진단을 받고 92년 4월 초 수술을 받았다. 그러나 간장 두 곳에 암이 전이되어 있어 그해 10월부터는 국소환류요법(局所還流療法)이라는 치료를 받았다.

그는 93년 4월 1달 동안에 모두 150그램의 아가리쿠스버섯을 끓여먹었다. 그 뒤에 CEA(암태아성항원)치가 지난해 80이던 것이 5로 내려와 있었다. 1달을 더 복용하자 그 수치는 다시 2.6을 가리켰다. 그뿐만이 아니다. 암발생을 처음 알았던 92년에 185로 나왔던 극단으로 높던 혈당치가 85까지 내려와 있었다.

2절. 면역력 부족에 의한 만성병을 치유한 사람들

| 사례 33: 콧물과 눈물이 쏟아지는 알레르기성 비염을 치료

44세의 한 남자는 28세 때부터 매년 1월과 5월 사이에 알레르기성 비염으로 고생해왔다. 증세가 시작되면 콧물과 눈물 때문에 눈 가장자리가 가려워 견디기 어려웠다. 의사의 치료도, 비염치료 약도 모두 소용없었다. 그러다가 아가리쿠스에 대한 소문을 듣고 다려먹기 시작했다. 혈압에도 도움이 된다는 말을 들었다.

버섯액을 마시기 시작한 뒤로 그의 증상은 깨끗이 사라졌다. 가끔 재채기가 나오기는 하지만 눈물 콧물이 멈추고 눈의 가려움도 없어졌다. 그는 매일 아침에 한 컵, 회사에서 돌아오면 한 컵, 잠들기 전에 한 컵씩 마신다. 아가리쿠스를 먹기 시작한 뒤로 술을 많이 마셔도 숙취가 없어졌다. 또 양치질할 때마다 나오던 구역질도 사라지고 말았다.

| 사례34: C형간염으로부터 회복된 45세의 회사원

간에 이상이 있으니 재검을 받아보라는 말을 들은 그는 1달 뒤에야 종합병원을 찾아갔다. 검사 결과 바이러스에 의한 C형 간염으로 판명되었다. C형 간염바이러스는 베일 속에 있다가 1988년에야 처음 전자현미경에 찍혀 나온 병원체이다. 원래 바이러스는 찾아내기가 아주 어려운 존재이다.

C형 간염바이러스에 감염되면 만성화되기 쉬우며 간암의 60~70%가

이 바이러스 때문에 발병하는 것으로 알려져 있다. C형 간염치료법은 인터페론 주사를 맞는 것이다. 그러나 효과 보는 사람은 20% 정도뿐이라고 할 정도로 치료가 어렵다 한다.

환자는 의사의 지시에 따라 1달간 입원, 인터페론 주사를 맞으며 요양했다. 다행하게도 퇴원할 때의 간기능치는 양호했다. 그러나 6개월 정도 지나자 다시 수치가 올라갔다.

의사는 "바이러스가 많아 인터페론 치료를 중단하자 다시 불어난 것"이라며 통원치료하면서 인터페론 주사를 계속하자고 했다. 치료가 진행되는 동안 수치는 오르락내리락 했다. 그때 친척으로부터 아가리쿠스버섯에 대한 이야기를 들었다. 평소 그는 건강식품에 대해 신뢰하지 않았기 때문에 반신반의하면서 아가리쿠스 차를 먹어보기로 했다.

1개월 뒤 혈액검사에서 수치가 아주 좋아진 것을 알고 대단히 반가웠다. 일반적으로 한약이라 하면 몇 개월, 적어도 6개월 이상 먹어야 효과가 나타나는 것으로 듣고 있던 그였다. 그는 통원치료와 동시에 아가리쿠스차를 계속 먹었다. 좀 무리를 하면 수치가 80까지 오르기도 했지만 전처럼 100을 넘는 일은 없었다. 이후 그는 완치될 것이라는 믿음을 가지고 계속 버섯차를 마시고 있다.

| 사례35: B형 간염에서 일어선 L씨

서울 상계동의 L(35)씨는 대주가이면서 하루 담배 2갑을 피우며 살았다. 그런데 2, 3년 전부터 폭주를 하고나면 2, 3일간은 회사도 못 나갈 지경이었다. 그러다가 1년 전부터는 맥주 1잔만 마셔도 설사를 하는 등 몸이 좋지 않아 병원을 찾았다. 내시경 검사 결과 위염과 B형 간염이 드러났다.

병원에서는 위장약을 주면서 술을 자제하고 스트레스를 받지 않도록 하라고 했다. 그리고 간염은 특별한 약이 없으니 잘 먹고 충분히 쉬면서 몸을 편하게 하라고 했다. 그러나 그는 술을 끊지 못하고 지냈으며, 병세는 악화되어 술을 먹고 나면 몸을 가누지 못할 지경이 되었다. 이런 그를 보고 직장 상사가 아가리쿠스버섯을 복용할 것을 권했다.

95년 당시에는 아가리쿠스버섯을 일본에서 구해야만 했으며, 위염에 간염까지 겹쳤으니 3달은 먹어야 할 것이라고 했다. 일본에서 근무하는 선배에게 부탁하여 대단히 비싼 값으로 버섯액을 구할 수 있었다. 비닐팩 30개가 담긴 상자에 3개가 왔다. 매일 아침 공복에 1봉지씩 먹어라 했다. 몸이 유난히 안 좋은 날은 아침저녁으로 먹기도 했다.

술담배를 계속하면서 버섯차를 먹었다. 2개월 정도 지나자 폭주를 해도 위가 편안하고 설사도 나지 않았으며 몸도 아주 좋아진 기분이었다. 다시 병원검진을 받아보았다. 놀랍게도 위염이 없어지고 간염도 사라져 버린 것이다.

과음이 나쁘다는 것을 알면서 그는 여전히 술담배를 끊지 못하고 지낸다. 그러나 숙취도 없고, 술 마신 다음날이라도 회사에 잘 나간다. 지난 연말에는 연달아 과음했지만 잘 넘어갔다.

| 사례36: 마침내 간경화를 이겼다

부산 T교회에서 활동하는 J씨(51세)는 뒤늦게 목사가 되어 사목생활을 시작했다. 30대 초반에 사업을 하면서 몸을 너무 혹사한 탓으로 간이 극단적으로 나빠졌다. 재생불능이란 진단을 받고 영양제로 생명을 연장하던 중에 기독교인이 되었다.

기적적으로 죽음에서 살아난 그는 모든 것이 하느님의 은혜라고 생각하며 살게 되었다. 그러나 10년 뒤 다시 심각한 간경화가 되어 복수가 차고 견디기 어려운 통증을 겪게 되었다. 그때도 그는 기도원에서 기도로 병마를 이겨냈다. 그때를 계기로 그는 신학공부를 시작하여 목사가 되었다.

그러나 생명은 건졌지만 통증은 남아 있었다. 1개월 정도의 주기로 아픔이 시작되면 단 1초도 쉬지 않고 보름 가까이 아팠다. 그러다가 결국 단단하게 응어리진 것이 손에 잡히기도 하여, 간경화가 도졌거나 암으로 진행되었는지 모른다는 정신적 고통을 떨치지 못하게 되었다.

95년 말에 그는 아가리쿠스버섯을 알게 되었다. 우선 1달치를 구해 먹기로 했다. 10여 일 지나자 소화가 편하고 변이 잘 나오기 시작했다. 그리고 1달 뒤 그는 빈혈 증세가 사라지고 통증도 훨씬 줄어든 것을 알았다. 잇달아 4개월을 더 먹었다. 아침과 저녁 공복 때 먹도록 했다. 그래야 흡수가 잘 되리라 생각했다.

이후부터 간의 통증은 90%가 사라졌다. 가끔 통증이 오면 2, 3일 지속되지만 생활에는 지장이 없을 정도이다. 단단하던 것도 만져지지 않고 빈혈증세도 전혀 느끼지 않게 되었다. 15년간 늘 미달이던 체중도 4kg이나 늘었다. 그는 이렇게 말한다. "나는 아가리쿠스버섯의 성분이 무엇이고 어떤 작용을 하는지 아무 것도 모른다. 또 알려고 하지도 않는다. 신비한 건강식품을 알게 된 것에 대해 하느님의 은혜라고 생각할 뿐이다."

| 사례37: 여약사 C형 간염 투병에 성공

40대 중반의 여약사는 건강진단에서 담낭에 모래 같은 것이 있다는 진단을 받고 정밀검사를 했다. C형 간염으로 판명되자 바로 인터페론 치료를 받기 시작했다. 그러나 치료가 계속되어도 차도가 나지 않았다. 그대로 가다가는 간경화가 되고, 간암으로 진행될 것이었다.

약제사로서 불길한 생각만 할 것이 아니라 "자기 몸은 자기가 지켜야지"하는 마음으로 인체의 면역력을 높이는 식품이 어떤 것인지 조사했다. 이 과정에 아가리쿠스버섯이 인체 면역력 강화에 효과가 크다는 정보를 듣게 되었다.

복용을 시작하고 3개월이 지나자 몸의 변화를 느낄 수 있었다. 수시로 오른쪽 복부가 당기던 것이 조금씩 가벼워지면서 그 회수가 줄어갔다. 그간 짓눌러온 피로감과 무력감도 회복된다고 느껴지면서 위장 활동이 퍽 좋아졌다. 한편 온 가족이 유행성 감기에 걸려 고생해도 자신만은 그냥 지나가고 있었다. 이런 변화를 보면서 그녀는 면역력 강화가 자신을 회복시키고 있다고 믿게 되었다.

C형 간염은 간경화를 유발하는 두려운 병이다. 미국인은 약 390만 명이 감염되어 있다 한다. C형 간염환자는 보균자의 75%가 평생 발병하지

않고 건강하게 지낸다. 이런 사람은 간염바이러스에 대한 면역력이 높기 때문이다. 그러나 20% 정도는 간경화를 일으키며 심한 경우 간이식 수술을 받아야 하도록 악화된다. 병원에서는 현재 이 간염에 걸린 환자에게 항바이러스 약인 리바바린과 함께 인터페론을 처방하고 있다.

| 사례38: 혈당치가 정상으로 내려갔다

외항선 선장인 기타노(47세)씨는 한번 배에 오르면 3, 4개월씩 바다에 떠 있어야 했다. 그런 그가 정기검진에서 혈당치가 160으로 나와 당뇨증세가 있다는 것을 알게 되었다. 늘 건강했고 감기도 걸리지 않는 그였지만 술은 평소 많이 하고 살았다.

당뇨병은 인슐린 같은 혈당강하제로 치료하기는 하지만 완치가 매우 어렵다. 환자는 매일의 식사를 제한하며 생활해야 한다. 만일 그가 육상근무를 한다면 음식조절도 하겠지만, 바다로 나오면 선식(船食)을 해야 하기 때문에 그것이 어렵게 된다.

당뇨증세가 심한 환자는 경우에 따라 다리도 절단하는 예가 있다는 무서운 소리를 들은 그는 항해 중에 먹을 한방약은 없을까 하고 알아보았다. 그때 친구로부터 아가리쿠스버섯이 몸에 좋다는 말을 들었다. 그는 버섯 분말과 농축액 팩을 가지고 배에 올라 항해를 시작하여 70일 만에 집으로 돌아왔지만 건강했다.

그의 당뇨치는 아주 건강한 상태로 돌아와 있다. 그는 식사 때도 버섯을 많이 먹도록 노력하고 있다.

사례39: 고혈압에서 탈출한 서초동의 K부인

집안에도 복잡한 일이 생기고 회사도 신경 쓸 일이 많아 한동안 정신적으로 시달리던 K부인(42세)은 몸이 항상 피곤하고 혈압도 아주 높아졌다. 전부터 피곤기를 잘 느끼던 터였지만 정도가 너무 심했다. 거기다가 위도 몹시 쓰렸다. 병원에 가면 잠시 회복되는 듯 하다가 다시 증세가 시작되었다.

그러다 보니 아이들에게 신경질을 자주 내게 되었고, 매사에 짜증만 나 가족들은 물론 직장 동료와의 관계도 원활치 못하고 있었다. 이런 때 아가리쿠스버섯에 대해 알게 되었다. 가정형편상 가격이 너무 비싸 망설이다가 1달치만 사서 먹어보기로 했다.

버섯 농축액을 다 먹었을 즈음 정말 위가 덜 쓰렸다. 몸도 개운하고 머리도 맑아진 기분을 느끼게 되었다. 그는 "좀 비싸지만 먹을 때 마저 먹는 게 좋겠다"고 생각했다. 2달치를 더 구해 복용을 계속했다. 버섯을 먹던 3개월간 부인은 병원에서 준 약도 빠지지 않고 복용했다.

그 뒤부터 그녀는 병원에도 가지 않게 되었다. "나 같은 증세로 고생하는 사람이 있으면 아가리쿠스를 권하고 싶습니다. 친정어머니에게도 사다드리고 싶은데 형편이 여의치 않아 안타깝습니다."고 말하고 있다.

사례40: 화장실 달려가기에서 해방된 중학생

14세의 중학생 J군은 갑자기 배가 아프기 일쑤고 그럴 때면 무조건 화장실로 달려가야 했다. "부모님은 나를 데리고 마음 놓고 외출도 못했다"

고 그는 말한다. 특히 찬 음식이나 평소 안 먹던 것을 먹으면 백발백중 탈이었다. 병원에서는 장이 나빠 그렇다며 심하지 않다고 했지만, 본인은 수업시간마다 불안했다. 때로는 수업중이라 말을 못해 옷에 변을 본적도 몇 번 있었다.

그런 그에게 아버지가 아가리쿠스버섯을 구해와 먹도록 했다. 친구에게 아들 이야기를 하자 친구 분이 권했다는 것이다. 팩에 든 것을 10개 가져와 일주일에 2, 3개만 먹으면 된다고 했다. 아침 공복에 먹어라 했지만 저녁에 마시기도 했다. 그것을 다 먹었을 때쯤 J군은 배 아픈 증세가 없어지고 찬 음식을 먹어도 화장실을 가지 않게 되었다.

그는 그런 식으로 1달을 더 먹었다. 이제 그는 아침에만 화장실을 가는 정상생활을 한다. 그는 "무엇보다 좋은 것은 속이 편해지고 아무거나 잘 먹을 수 있게 된 거예요"라고 말하고 있다.

| 사례41: 자신과 친구의 아들까지 간경화에서 구출

사업관계로 매일 술과 살다시피 한 부산의 한 사업가(44)는 언제부턴가 피곤함은 물론 아무 것도 먹지 않아도 배가 부른 느낌이 계속되었다. 95년 7월, 병원을 찾았다. 의사는 간에 복수가 가득하다며 "어째 이 지경이 되도록 병원에 오지 않았느냐"며, 복수를 빼내고는 바로 입원하도록 한다.

퇴원하기까지 병원에 있는 1달 동안 체중이 14kg이나 빠졌다. 의사는 앞으로 1년간 매월 검사를 해야 한다고 했다. 그는 퇴원 후 바로 친구의 권유로 일본산 아가리쿠스를 비싸게 구해 먹기 시작했다. 8월부터 10월까지 먹는 동안에 줄어든 체중이 10kg 가까이 늘었고, 복수도 차지 않았다. 완쾌되었다고 진단을 내린 의사도 신기해했다.

이후로 그는 건강하게 잘 지낸다. 그는 친구의 아들이 간염으로 고생하는 것을 보고 그 가정에도 권하여 그 아들도 회복하여 학교에 잘 다니게 되었다.

┃사례42: 어린 딸의 아토피성 피부염을 완치시킨 어머니

생후 6개월째부터 몸 일부와 머리에 피부염이 나타나더니 점점 심해만 가는 딸을 치료하기 위해 아기 어머니는 매일 베이비로션을 바르며 정성을 다했다. 피부의 부스럼 딱지를 뜯어내면 피가 나왔다. 이러기를 1년 이상 계속하던 때 아기 아버지가 아가리쿠스버섯을 구해왔다. 그동안 온갖 약을 바르고 먹고 해도 소용 없었으므로 아가리쿠스에 대해서도 전혀 믿지 않았다.

그러나 버섯액을 먹이기 시작하고 1개월 정도 지나자 증상이 눈에 띄게 개선되기 시작했다. 그때까지 늘 까칠까칠하던 피부가 본래의 보드라운 아기 피부로 차츰 되돌아온 것이다. 이제는 피부 어디에도 피부염 흔적을 남기지 않고 완치되었다.

┃사례43: 성인의 아토피성 피부염 치유

아토피성 피부염은 어른이 되면 대개 없어진다. 그러나 요즘 와서 성인에게도 나타나고 있다. 이 피부염의 원인은 집안 먼지, 진드기, 어떤 체질 등을 들고 있지만 아직 확실한 것을 모르고 있다.

초등학교 5학년 때부터 아토피성 피부염으로 애를 먹어온 23세의 청년은 그 동안 부신피질 호르몬 같은 스테로이드 계통의 약을 바르며 치료를 해왔으나 결정적인 효과가 없었다.

1년 전 스테로이드제의 부작용이 사회문제가 되면서 그는 스테로이드 치료를 중단하기로 했다. 1개월도 지나지 않아 온 얼굴이 얼룩덜룩 부어올랐다. 잠시 좋아지다가도 다시 악화되기를 반복했다. 약을 끊고 2개월째부터 아가리쿠스버섯을 먹게 되었다.

건버섯 100그램을 구하여 매일 조금씩 약 1달 동안 먹었다. 그러나 별로 상태가 호전되지 않아 실망하고 있을 즈음 습진 상태가 상당히 호전된 것을 알게 되었다. 2달째에 들자 드디어 아토피성 피부염까지 완치 상태가 되었다. 지금의 그는 피부염이 완전히 나았지만 계속해서 버섯차는 먹고 있다.

| 사례44: 쾌면, 쾌식, 쾌변의 나날을 허락한 버섯차

70세가 되기까지 말술을 마시며 살아온 히라하야시씨는 기어코 간경변이 되고 심한 변비까지 겹치게 되었다. 그의 부인이 야채수프를 만들어주고, 클로렐라라든가 프로폴리스 같은 여러 가지 건강식을 먹도록 했지만 증상이 개선되지 않았다. 병원에서 장기간 치료하면서 각종 간 기능 검사를 받았다. 3가지 검사 중에 두 가지는 개선이 되었지만 한 가지 수치는 전혀 내려가지 않았다.

그때 아가리쿠스에 대한 이야기를 듣고 무조건 시험해보자는 생각을 했다. 1개월 치 버섯을 구해 다려먹기 시작하고 10여 일 지난 뒤 병원에서 검사를 받았다. 그 동안 줄어들지 않던 마지막 수치도 저하되고 있다는 반가운 진단이 나왔다. 1개월이 지나자 모든 수치가 평상치로 되돌아 갔다. 그는 이제 다른 건강식은 모두 그만두고 오로지 아가리쿠스차만으로 쾌면(快眠), 쾌식(快食), 쾌변(快便)하며 건강하게 지내고 있다.

3절. 필자가 만난 사람들의 이야기

I 사례45: 사경의 위염 환자 완전 소생

H교수(당시 63세)는 같은 전공의 학자라면 모르는 분이 없을 정도로 저명하다. 1999년 겨울방학이 끝나가던 2월 중순, 그의 연구실이 있는 과학관 현관에서 3달 만에 H교수와 마주쳤다. 겨울방학이 시작되기 전과 너무 달라진 모습에 마음속으로 놀라지 않을 수 없었다. 구부정하게 구부린 그의 몸을 감싼 외투가 어찌나 크게 보이는지. 실은 외투가 큰 것이 아니라 그 분의 몸이 너무 쇠약하여 그렇게 보인 것이다.

H교수는 어떤 이유로 혼자 생활하는지 10년도 넘은 상태였으며, 늘 위장이 좋지 않아 고춧가루가 든 음식과 짠 것을 전혀 들지 못하며, 매우 조심스런 식생활을 하고 있었다. 그는 평소에도 매우 마른 편이었으므로

어지간히 여위어서는 그렇게 놀랄 일도 아닐 것이다.

　놀라움을 감추고 인사를 건네자, H교수는 "윤선생, 안 바쁘면 잠시 이 야기 할 수 있을까요?" 그의 몸놀림과 걸음걸이는 말할 것도 없고 말씨나 눈동자에 힘이라고는 없었다.

　"예, 그러시지요. 안 바쁩니다." 하고 필자는 그분을 따라 3층 그의 연 구실로 들어갔다. 연구실에는 여자 조교가 한 분 있어, 그는 조교를 먼저 인사시켰다.

　연구실 의자에 앉은 그의 모습은 더욱 심각한 환자로 보였다. 그는 옆 자리에 앉은 그의 모습은 더욱 심각한 환자로 보였다. 그는 옆자리에 앉 은 나에게 매우 작은 소리로 천천히 이야기하기 시작했다.

　"최근 2, 3달 사이에 체중이 15킬로나 빠져 그렇잖아도 여윈 사람이 더 말라 이런 모습이 되었지요. 대학병원에서 정밀검사를 했는데 결과가 나오지 않고 있어요. 난 내가 어떤 상황에 있는지 짐작합니다. 그래서 내 주변을 모두 정리하고, 이번 새 학기부터는 강의도 하지 않으려 합니다. 대 학 연구소 소장 자리는 이미 위임했고 학회장 자리도 사표를 낼 것입니다."

　필자는 H교수와 30년 가까이 교분이 있었으며, 선배로 존경하고 있 었다. 필자는 체중이 그토록 빨리 줄었다면 위암일지 모른다고 짐작하며, 현재 몸이 어떠시냐고 물었다.

　"도무지 아무 기운도 없고 의욕도 없어요. 자리에 한 번 누우면 일어날 기력이 없어요. 배가 고프지도 않고 도무지 먹을 수가 없습니다. 텔레비 전을 보아도 아무 생각 없이 멍하게 바라만 보고 있어요. 텔레비전 스위

치를 켜고 끌 기운조차 없습니다."

필자는 이런 분이야말로 지푸라기라도 잡을지 모른다는 생각이 들어 아가리쿠스버섯에 대해 알고 있는 사항을 이야기했다. 평소 H교수는 워낙 엄격한 과학적 사고의 소유자인지라 건강식품 따위에 대해 절대 관심을 가지지 않으리라 생각했다. 그러나 의외의 대답을 했다.

"그럼, 나에게 그 버섯을 좀 구해주시겠습니까?"

필자는 다음 날 버섯 500그램을 구하여 그의 연구실을 찾아가 다려먹는 법을 설명했다. "이것이면 50일 정도 먹을 겁니다. 유리포트에 물을 맥주잔으로 2잔 부어 그 안에 버섯 10그램 정도(중형 크기의 버섯 5, 6개)넣고 맥주잔으로 1잔 정도가 되도록 달이세요. 달인 것을 다른 컵에 따라 두고, 또 물 두 컵을 부어 재탕을 하여 다시 한잔이 되게 하세요. 이렇게 달인 두 잔을 합쳐서 냉장고에 넣어두고 하루 두세 번에 나누어 언제라도 좋으니 드십시오. 그리고 남은 버섯은 찌개에 넣어 잡수시고요."

꼭 4일 후, 필자는 결과가 염려되어 H교수 연구실에 전화를 걸었다. 그분은 전화를 받았다. 조용한 목소리로 그는 "윤선생, 나와 점심 같이 하시지요."

필자는 결과가 더 나빠진 게 아닌가, 버섯이 그분의 위를 더 탈나게 하지 않았나 하는 염려를 떨치지 못하고 교내 레스토랑에서 만났다. 그는 매우 부드러운 미소를 띠고 그 레스토랑의 특별 메뉴인 런치를 주문하고자 권했다. 그는 그때부터 그에게 일어난 기적을 말하기 시작했다.

"버섯차 먹은 지 이제 3일 지났지요. 이틀째 먹는 날 아침에 나는 자리에서 일어나고 싶은 의욕이 생겨났습니다. 지난 5, 6개월 동안 하루도 그런 날이 없었습니다. 그리고 뭘 좀 먹어야겠다는 생각이 나서 조금씩 밥을 먹기 시작했습니다. 오늘이 4일째인데 오늘 아침에도 좋은 기분으로 일어나 밥을 좀 먹고 학교에 왔습니다. 좀 더 먹고 싶었지만 탈이 날까봐 그만 먹었습니다."

"정말 다행입니다. 계속 그랬으면 얼마나 좋겠습니까! 그런데 버섯 끓이는 냄새가 싫지 않던가요?"

"아니요. 그 향기가 나는 좋아요. 버섯차 맛도 좋고요."

그는 기운이 부족하여 운전도 포기하고 스쿨버스를 타고 다녔다. 그분은 나와 마주 앉아 런치를 절반 정도 먹었고, 그로서는 대단히 많이 먹은 거라고 말했다. 전량을 먹은 나는 포식했다는 기분이 들었다.

다시 3일이 더 지난 뒤, 이번에는 그가 나의 연구실로 전화를 걸어와 점심시간에 같은 장소에서 만나자고 했다. 필자는 그 사이에 다른 지장이 나타나지 않았나 내심 걱정스러웠다.

H교수는 전날보다 기분이 더 살아 있었고 혈색도 좋아 보였다. 그날도 런치를 절반이나 맛있게 들었다. 필자가 좋은 식성을 보이자, 자기 접시의 고기 절반은 내게 넘겨주기도 했다.

그의 극적인 호전을 확인한 필자는 그간 가졌던 우려를 풀어버리고 농담도 하게 되었다. "이 버섯을 먹으면 바이아그라 효과도 있다고 합니다." 하고 말하자, 그는 매우 민망스럽다는 표정으로 다시 매우 흥미로운 이야기를 했다.

"차마 내가 꺼내기 어려웠던 이야기인데, 윤선생이 먼저 말하니까 이야기합니다. 사실 난 지난 반년 이상 내가 남자라는 걸 느끼지 못하고 지내왔습니다. 그런데 요즘 아침에 눈을 뜨면 죽었던 것이 살아서 함께 일어나요!"

참으로 반가운 말씀이었다. 그 후 H교수는 직선을 그으며 건강이 회복되어 갔다. 버섯을 정성스럽게 다려먹고 있었다. 그의 댁을 방문했을 때 근사한 유리 약탕기에 끓이는 아가리쿠스버섯차 냄새가 온 집안 가득했다. 그는 내게도 한잔 부어주며 권했다. 그 기적의 차를.

며칠 지나지 않아 그는 운전을 다시 시작했으며, 6개월째부터는 수영장에도 나갔다. 회복되면서 다소 히스테릭하다고 느껴지던 그의 평소 성격이 상당히 유화된 것을 발견했다. 아픈 바람에 자기 인생관을 많이 고쳤노라고 말했다. 체중이 상당히 불었지만, 과거를 능가하지는 않고 있었다.

3년이 지난 지금 그는 상당히 매운 김치까지 즐겨 먹고 있다. 현재는 정년퇴임을 하고 대학원 강의만 나가면서 관악산 아래 아파트에서 가족과 함께 살며 집필에 전념하고 있다.

H교수의 기적을 보면서, 필자가 알지 못하고 궁금한 점은 그가 앓았던 정확한 병명이다. 그는 자신의 병에 대해 구체적으로 말해주지 않았다. 위암은 아니었다면 심한 위염이었다고 볼 수 있다. 어쨌거나 그분이 그렇게 기적적으로 회복된 것이 고마워, 필자는 취미의 하나인 유화 1점을 그려 표구까지 하여 선물했다. 봄빛으로 둘러싼 시냇가의 고목을 그린 그 그림은 그의 거실 벽 중앙에 걸려 겨울에도 봄빛을 내고 있었다.

건강이 회복된 H교수는 한동안 버섯차 먹기를 중단했다가 최근 다시 먹기 시작했다는 말을 했다. 필자 생각에 그분은 버섯차를 끊임없이 챙겨 드는 것이 건강을 지키는데 필요하다고 생각하고 있다. 그분에게는 부족한 면역력을 보강해줄 버섯차가 항상 필요한 것이다. 건강은 건강할 때 지켜야 한다.

| 사례46: 말기 폐암을 이긴 친구

98년 6월이었다. 자정이 가까운 시간에 전화가 걸려왔다. J씨(당시 52세)가 서울대병원에서 폐암 말기라는 진단을 받고 입원했다는 비보를 전하면서, 아가리쿠스버섯을 구해달라고 그 가족이 황급하게 연락한 것이다. 그날로 버섯을 구하여 밤중에 댁을 찾아갔다.

반년도 더 전에 필자는 그분에게 '버섯을 먹으면 암이 낫는다'는 1998년에 쓴 저서를 증정(贈呈)한 적이 있었다. 그 책을 보지 않고 그냥 책꽂이에 꽂아두고만 있다가 J씨가 입원하게 되자, 그 가족이 얼른 꺼내어 앉은 자리에서 전부 읽고는 나를 찾았던 것이었다.

집안에 들어서자 외아들의 비보에 넋을 잃은 J씨의 노모가 눈물을 흘리며 필자를 맞았다. 과거에 서울대학에서 간호학을 전공했던 그의 부인은 병실에 가고 없었다. 1주일 전 만났을 때 멀쩡하던 사람이 어쩐 일이냐고 물었다.

"며느리가 같이 걷다가 남편이 숨을 가쁘게 쉬는 것이 이상해서 억지로 병원에 갔더니 폐암이라고 하여 그 자리에서 바로 입원하고 말았어요.

벌써 항암치료를 시작해서 지금은 다른 사람은 면회도 못해요."

폐에 가득한 물을 빼내고 첫 번째 항암제 치료를 시작했다는 이야기였다. 부인과 노모는 집에서 버섯차를 끓여 보온병에 담아 가서 중환자실의 환자가 입원실로 나오기를 기다렸다. 입원실로 온 환자는 입이 바싹 말라 있었다. 가족은 그에게 물을 떠먹였다. 그러나 즉시 물을 토해내고 말았다. 그러나 보온병 안의 버섯차를 떠넣어주자 토하지 않고 조용히 삼키고 있었다. 가족은 환자가 물을 원할 때마다 버섯차를 마시게 했다. 물론 그도 병상에서 버섯책을 읽었다.

J씨는 다른 환자들이 그렇게 고통스러워하는 항암치료를 거뜬히 견뎌 내었다. 문병 갔을 때 그는 환자 같지 않았다. 2주일이 지난 후 그는 두 번째 항암치료를 받았다. 머리카락이 빠져나가긴 했지만 이번에도 환자는 매우 쉽게 항암치료를 견뎌내었다. 그는 버섯차를 맛있어 했다. 그러나 그가 버섯차를 먹고 있다는 말은 의사에게 하지 않았다. 아마 말했다면 주치의는 금지했을 것으로 생각된다.

그의 증세는 급속도로 호전되었다. 결국 다섯 번째 항암치료까지 다 마쳤을 때쯤 그를 치료한 의사들은 개가를 부르고 있었다. 그들의 치료 프로그램이 적중하여 환자가 빠르게 완치되어갔기 때문이다.

말기 암환자이던 J씨는 기적같이 완치된 것이다. 6개월 후 그는 운전도 하고 가볍게 산길도 걸어 다니며 옛날의 체력을 되찾아갔다. 평소 새치가 좀 많은 편인 그의 머리카락도 다시 자라나왔다. 그 후 그분 가족 중 어머니는 아들을 구한 사람으로, 부인은 남편을 살린 친구로 필자를 특별히 반겨주었다. 그는 이후에도 계속해서 버섯차를 마셨다.

한편 건강보조식품에 대한 신뢰감이 커진 그는 녹즙을 비롯하여 좋다고 소문난 다른 건강보조식품도 먹고 있었다.

그러나 완치 진단을 받고 1년쯤 지났을 때, 필자는 또다시 그분의 가족으로부터 급한 연락을 받았다. 급성간염 진단을 받고 서울대학병원 중환자실에 입원했다는 것이다. 면회도 불가능했다. 입원 3일째 J씨는 한창 나이에, 얼굴도 한번 못 보여주고 하느님 나라로 가고 만 것이다.

그분 가족들의 슬픔은 말할 것도 없지만, 필자도 너무 큰 실망을 느껴야 했다. 암에도 좋고 간염에도 좋다는 버섯차를 그렇게 열심히 마셨는데 헤어날 수 없는 급성 간염에 걸렸다니 말이다. 필자는 그분의 가족을 다시 보기가 불편해졌다. 그가 왜 그렇게 위중한 급성간염에 걸린 것인가? 버섯차 때문이라고는 생각되지 않는다. 필자는 녹즙에 대해 잘 모르지만, 그가 매일 1년 이상 마시던 녹즙은 상당히 쓴맛이었다고 한다.

이 일이 있은 후 필자는 다른 사람에게 아가리쿠스 권하기를 두려워하게 되었다. 효과가 없거나 나쁜 결과가 올 수 있기 때문은 절대 아니다. 아가리쿠스에 대한 신뢰는 오히려 더 커졌지만, 이것저것 좋다는 것을 무엇이나 먹어 탈이 생기는 사람이 또 있을 수 있기 때문이다.

| 사례47: 에이즈보다 무섭다는 베세트병에서 탈출

지난 2000년 여름, 브라질의 교민 버섯재배 선교사인 전영길 목사가 고국을 방문했을 때, 서로 연락이 되어 모처럼 반갑게 만났다. 그분은 국내 아가리쿠스버섯 수입자가 대금 지불을 너무 미루고 있어 문제 해결을 위해 온 것이었다.

이런저런 이야기 끝에 전목사는 "아가리쿠스가 에이즈보다 더 무서운 병을 고쳐요."하는 말을 했다. "아니, 에이즈보다 더 두려운 병이 무엇입니까?" 하고 묻자, "베세트병이에요."하고 말하는 것이었다.

필자는 크게 놀랐다. 왜냐하면 필자 자신이 1987년경에 베세트병 환자라고 진단을 받고 무척 고생을 했기 때문이다. 당시 종아리 부위에 끊임없이 붉은 반점이 여기저기 생기고 그것을 눌러보면 마치 멍든 자국 같이 기분 나쁘게 통증이 느껴졌다. 그 붉은 반점은 사라졌다가 다시 나기를 몇 년을 계속하고 있었다.

그뿐만 아니라 입술, 입안, 혓바닥에는 쉴 사이 없이 하얗게 3~5㎜ 직경의 깊은 구멍이 뚫리는 염증의 고통을 견뎌야 했다. 감기가 걸리면 언제나 편두가 곪아 보름 이상 고통을 당했다. 어떤 날은 그런 염증이 생식기 주변에도 나타났다. 그리고 어쩌다가 피부가 낚싯바늘에 찔리거나 조금이라도 상처가 나면 좀처럼 낫질 않았다. 또 양치질을 하다 칫솔이 잘못 잇몸을 스치는 날이면 틀림없이 그 자리가 헐어 1주일 이상 고통을 당해야 했다. 이런 구내염, 설염이 발생하면 너무 쓰라려 음식 먹기가 어렵고 말조차 하기 힘들다.

설염, 구내염이 발병하면 적어도 10일은 간다. 혓바닥에 약을 바르고 '아프타치'라는 일제 약을 붙이고 해도 잘 낫지 않았다. 처음에는 피부과와 이비인후과에 들려 치료를 받다가 연세대학병원에서 베세트병(일명 베체트 증후군)이라는 진단을 받았다. 그 병원에는 나와 같은 환자를 위한 특별 클리닉까지 있었으며 등록된 환자수가 300여 명도 더 되는 것 같았다. 필자를 두렵게 한 것은 이 병이 악화되면 시력을 잃게 된다는 것이었다. 병원에서 매번 주는 1주일분의 약을 먹고 나면 또 병원을 찾아가 약을 타왔다. 한번 가면 한나절이 걸렸다. 그러나 거의 2년을 다녀도 차도가 없었다.

의학책을 찾아보았다. 터키의 베세트라는 의사가 처음 보고한 병이며, 발병 원인은 아직 모르고, 10년쯤 고생하고 나면 조금씩 나아간다는 설명이 들어 있었다. 필자가 아가리쿠스버섯을 알게 된 1997년 겨울쯤에는 이미 10년 정도 앓았던 탓인지 정말 병세가 상당히 호전되어 있었다. 전에 비하면 절반 정도 고생을 적게 하는 것 같았다. 그러나 구내염, 설염은 쉬지 않고 생겨났으며, 붉은 반점(홍반)도 수시로 돋았다. 이런 여러 증세들을 의학용어로 베세트 증후군(Behcet syndrome)이라고 말했다.

필자는 이럴 즈음 아가리쿠스버섯에 대해 알게 되어 먹기 시작했던 것이다. 물론 베세트병에 효과가 있다는 것을 그때는 알지 못했다. 1개월도 지나지 않아 전보다 증세가 10분의 1 이하로 줄어들었다. 그 정도만 해도 살 것 같았다. 생각해보면 베세트병이야말로 면역력 약화 때문에 발병하는 것이었다. 그리고 직장생활에서 받던 스트레스와도 관계가 있다고 믿는다.

이후 필자는 늘 아가리쿠스차를 마시고 산다. 그리고 그렇게 잘 걸리던 겨울 감기조차 가볍게 지나가며, 구내염이 생기더라도 아주 쉽게 사라진다. 이제 필자는 어떤 이유로 면역력이 약한 체질이 되었으므로 살아가는 동안 버섯의 도움을 계속 받기로 작정하고 있다.

전영길 목사는 김기철이라는 분이 이 병으로 신문을 읽을 수 없을 정도로 실명되어 가는 도중에, 자기가 브라질에서 보내준 아가리쿠스버섯을 먹고 현재는 신문을 읽을 정도로 시력이 회복되었다고 이야기 했다.

그런데 왜 "에이즈보다 더 무섭다고 합니까?"하고 묻자, 그는 "시신경 근처의 혈관에 염증이 생겨 악화되면 완전 실명을 한답니다. 국내에만 베세트병 환자가 3만 명쯤 된다고 해요"라고 하는 것이었다. 하지만 베세트병 증후군 가운데 가벼운 증세 즉 구내염, 설염으로 고생하는 사람은 수백만 명이라 생각된다. 이런 증세는 신체적으로 정신적으로 피곤할 때 주로 발생한다. 육체적인 피로나 심리적 스트레스가 면역력을 약화시키는 탓이라고 볼 수 있다.

그는 또 다른 치료사례를 들려주었다. "필리핀에서 선교사로 지내던 정목사는 악성 위암에서 완치되었고, 고려신학대학의 한 목사님도 위암 덩어리가 1개월 만에 없어졌다고 합니다." 덧붙여 그는 "그런데, 아가리쿠스는 먹어본 사람이 계속 사가요."라고 말했다.

| 사례48: 필자의 오래된 피부병 약화

필자는 혁대가 닿는 양쪽 허리 부분에 생긴 피부병으로 여러 해 고생했다. 그 가려움은 견딜 수가 없다. 술을 마시면 더욱 심해 피가 날 정도로 긁어야 가려움이 멈춘다. 온갖 피부연고를 발라도 소용없었다. 그러던 허리 피부병이 구내염과 함께 사라졌다. 아마도 8년은 고생했을 것이다.

그러나 버섯을 먹어도 그 피부병은 가끔 재발하여 잘 낫지 않았다. 그래서 혹시 어떤 음식의 알레르기 현상인지 모른다는 생각이 들었으나 그 원인 음식을 찾아낼 방법이 없다. 그러던 중 어느 날 땅콩도 알레르기 원인이 된다는 글을 읽었다. 그날로부터 땅콩과 그것이 포함된 과자와 버터 등을 피해보았다. 정말 땅콩의 알레르기였는지 땅콩을 먹지 않은 지난 2년 동안은 재발이 아주 드물고, 혹 재발하더라도 2~3주 내에 낫고 있다.

┃ 사례49: 진드기에 의한 알레르기 완치

필자의 아들(26세)은 알레르기 증상으로 아침에 일어나면 꼭 심하게 재채기를 하고, 낮에도 때 없이 별안간 재채기가 수시로 터져 애를 먹었다. 그의 알레르기는 계절과도 관계없이 매일 몇 해째 계속되어 왔다.

그런 아들에게 아가리쿠스 차를 마시게 했더니 1주일째쯤부터 콧물도 흘리지 않고, 눈을 비비지 않으며, 재채기가 없어졌다. 증세가 좋아졌다고 마시기를 중단하면 다시 발병하는 것 같아 계속 먹게 했다. 아들 자신도 효과를 인정하여 냉장고 속에 넣어둔 차를 잘 마시더니 지금은 완전하게 나았다.

아들의 알레르기는 계절적으로 나타난 증상이 아니고 연중 계속되었다. 그러므로 그의 알레르기 원인은 아파트 실내 여기저기 살고 있는 진드기와 관계가 있었다고 믿고 있다.

| 사례50: 1저녁이면 긁는 재미로 사는 부부

신문사에서 정년을 마친 존경하는 사회 선배의 치료사례이다. 어느 날 그분 댁을 방문했다. 이야기 끝에 그분의 부인(약 65세)이 저녁만 되면 양쪽 발목 부분이 너무 가려워 자꾸 긁다보니 상처가 아물 날이 없다는 말을 했다. 그리고 자기도 나이 먹으면서 여기저기 가려운 데가 많아 "우리 부부는 긁는 재미로 산다"며 웃었다.

필자는 혹시나 이분 부인의 가려움증을 버섯으로 고칠 수 있을지 모른다는 생각이 들어, 아가리쿠스에 대해 한동안 설명을 하고 시용(試用)해 볼 것을 권했다.

1개월 정도 지난 후 전화를 걸어 가려움이 어떠냐고 물었더니. "먹다가 요즘 안 먹고 있어요."하는 것이다. 이유를 다시 물었다.

"버섯차를 며칠 먹자 가려움이 싹 사라졌어요. 그래서 아주 좋아하고 있습니다. 그런데, 버섯차를 마시게 되면서 식욕이 너무 좋아져 금방 시장해지고, 너무 먹게 되어 체중 늘까 봐 버섯을 끊었어요."하는 것이다.

뒷날 그분 댁을 다시 찾았을 때, 부인께서는 양말을 벗어 깨끗해진 하얀 발목을 보여주면서 "나 발목 가려운건 수십 년이 되었어요." 하며 말했다. 의사가 아닌 필자로서 그분의 피부증상 원인이 무언지 알 수 없다. 아무튼 그분의 긁으며 사는 재미를 없애버리고 말았다.

누구든 나이 예순에 가까워지면 피부의 지방질 부족으로 각질이 일어나고, 건조해지면서 여기저기 근지러운 곳이 많아진다고 한다. 그래서 대나무 끝을 구부려 등을 긁도록 만든 '효자손'이란 것이 관광지 기념품 가게마다 팔고 있다. 피부과 의사는 그런 환자에게 목욕을 3, 4일에 한 번씩만 하고, 뜨거운 물은 피하며, 목욕할 때 비누 사용을 되도록 줄여 피부 기름기가 빠져 마른 피부가 되지 않게 하는 것이 좋다고 충고한다. 이런 가려움증은 공기가 건조할 겨울철에 더 심하다.

ㅣ사례51: C형 간염을 이긴 LA의 교민 화가

99년 12월, 미국 LA에서 화가로 활동하는 필자의 오랜 친구 김성웅 (58세)씨가 전화를 해왔다.

"한동안 하도 몸에 기운이 없고 그림 그리기가 힘들어 병원에서 검진했더니 C형간염이라고 하잖아. 벌어둔 것도 없는데 벌써 죽게 생겼구나 싶어 실망하고 있다가, 간염에 대한 지식을 얻고 민간요법이나 식이요법을 알기 위해 서점을 찾아갔지. 교민서점인 고려서적에서 건강코너 책꽂이를 뒤지다가 네가 쓴 책을 발견했단말야! '윤'이란 글자를 보면 우선 너부터 생각하는데, 그게 바로 네 이름이더군. 반가운 마음으로 책을 꺼내 펼쳐보니, 아가리쿠스버섯으로 간염을 치료한 사례까지 나와 있잖아! 그래서 당장 너에게 전화를 건 거야."

이렇게 하여 필자는 김화백(金畵伯)에게 국내산 건버섯을 공수(空輸)했고, 그는 꼭 1개월 후인 2000년 1월에 너무나 반가운 소식을 전화해왔다.

"처음 검사했을 때 GOT는 110, GPT는 179였는데, 버섯을 먹기 시작하고 보름 후에 체크 했는데 GOT가 32, GPT는 34로 나왔어! 40 이하가 정상이래."

그 후로 친구는 버섯을 계속 먹었고, 의사에게는 버섯 이야기를 하지 않았단다. 친구와는 전화가 빈번해졌다. 그리고 늘 상태가 좋았다. 그런데 5개월 후에 김화백은 다시 기운이 다 빠진 목소리로 전화를 걸어왔다.

"이번에 체크했는데, GOT가 91, GPT는 151이 되 버렸어."

"어찌된 거야! 그 동안 무리하지 않았냐?"

"좀 무리하긴 했어. 사냥을 좋아하는 어느 부자 양반이 새 집을 지어놓고 거실 벽에다 아프리카의 사파리 사냥터를 그려 달랬어. 사다리를 타고 오르내리며 1달 정도 코끼리와 사자 사냥 장면을 그려대느라 입술이 부르트도록 많이 힘들었지."

2달 후 필자는 미국 방문 길에 그 친구를 만났다. 그때 부르텄다는 입술 상처가 아직도 딱지를 이루고 있었다. 너무 무리했던 증거였다. 간염 환자는 몸을 피곤하게 하는 것이 금물이다. 그런데 살아가자니 어쩔 수 없이 무리해야 할 때가 있다.

친구는 그 후엔 과로를 피하면서 버섯차를 계속 마셨다. 그는 먹으라는 양의 4배나 되게(1일 20~30그램)대량 복용을 하고 있었다. 그리고 다시 검사했을 때는 GOT가 60까지 내려왔다.

2년을 지낸 김화백의 현재 상태는 GOT 60 주변을 맴돌고 있단다. 그는 말하고 있다. "버섯을 구할 수 있는 동안은 계속 먹을 작정이야. 그놈의 간염바이러스가 싹없어졌으면 속이 시원하겠는데 말이야."

우리나라의 2000년 사망원인 통계조사에서 10대 사인(死因)인 암, 뇌혈관질환, 교통사고에 이어 제 4위로 간질환이 차지하고 있다. 간의 병이라면 간염, 간경화, 간암 등을 말한다. 간염에는 급성과 만성이 있으며, 만성간염이란 6개월 이상 계속되는 전반적인 간의 염증상태를 말하는데, 그 원인은 바이러스에 의한 경우가 많고, 40~50대에 잘 발생하며 B형간염과 C형간염이 흔하다.

이런 만성간염에는 인터페론과 기타 항바이러스제가 치료제로 쓰이고 있으나 약값이 비싸고 부작용이 따르며 치유율도 15~20% 정도로 높지 못하고 있다. 바이러스에 의한 만성간염이라면 역시 강한 면역력이 필요하므로 병원 치료와 동시에 아가리쿠스버섯을 먹어 부족한 면역력을 지원받는다면 치료효과를 훨씬 높일 수 있을 것이다. 의사들은 만성간염 환자에게 영양가 있고 균형 잡힌 식사, 규칙적인 생활, 가벼운 운동을 권하며 몸을 무리하지 않도록 지시하고 있다.

| 사례52: 축농증, 당뇨, 다리 신경통이 사라진 사업가

사업가인 B사장(68세)은 필자의 저서를 통해 알게 된 분이다. 처음 그분을 만난 곳은 필자가 얼마간 지내고 있던 거제도 장승포였다. 그는 기차로 부산에 와서 여객선 터미널에서 쾌속선을 타고 장승포항까지 온 것이다. 부산서 장승포항까지는 50분 만에 도착한다. 장승포는 관광명소 해금강과 외도를 찾아오는 분과 바다낚시를 좋아하는 사람, 그리고 대우조선, 삼성조선에 일이 있는 사람들이 주로 오는 참 아름다운 포구이다.

많은 이야기 끝에 그는 아가리쿠스버섯차를 마시는 것이 자신의 새로운 낙이라고 말하면서, 너무 신기하여 아가리쿠스에 완전히 반했다고 했다. 그에게 처음 아가리쿠스버섯에 대해 알려준 사람은 일본인 친구였단다.

B사장은 버섯으로 고친 증상이 여럿이었다. 그 중에 가장 대표적인 것이 축농증의 자연 치유이다. 수십 년간 축농증 때문에 아침마다 일어나면 곤욕을 치렀단다. 사업에 쫓겨 수술을 계속 미루다가 버섯차를 마시는 사이에 축농증 증세가 완전히 사라진 것이다. 그래서 아침에 일어나는 것이 얼마나 즐거워졌는지 모른다고 했다. 또 그는 당뇨 때문에 항상 약을 가지고 다녀야 했다. 그러나 요즘 전혀 약을 먹지 않고도 혈당치가 올라가지 않고 있어 무척 기분 좋은 상태에 있었다. 그리고 무릎 관절이 아파 계단 걷기가 매우 힘들었는데, 최근에 와서는 그의 사무실 앞 육교를 부담 없이 오르내리고 있다고 했다.

그가 정말 젊어졌다고 자랑하는 것이 한 가지 더 있다. 그것은 평생 유감이었던 조루(早漏) 증세가 버섯을 먹게 된 이후 사라졌을 뿐 아니라, 정기(精氣)가 의심스럽도록 향상된 것이 너무나 신기하다고 말했다. 그는 또한 피부가 부드러워지고 얼굴의 검은빛이 줄어들면서 혈색이 아주 좋아져 주변 사람들로부터 5년 이상 젊어졌다는 말을 듣는단다.

그는 술을 좋아하여 과거에는 주량도 많았으나 나이 들면서 차츰 줄어 소주 1병이면 취할 정도가 되었다. 그런데 버섯차를 마시기 시작하고부터 술을 마신 뒷날 틀림없이 느끼던 두통이 사라졌다. 그리고 주량도 다소 는 것 같다고 말한다.

B사장은 아가리쿠스차를 마시기 시작하면서 부인에게도 어딘가에는 좋을 테니까 같이 먹자고 권했지만 별다른 호응을 보이지 않았다. 그러나

남편의 여러 증세가 극적으로 호전된 것을 확인한 후에는 부인도 마시기 시작했다는 이야기도 했다. 서울에서 B사장을 만났을 때 그는 자기 부인이 2주일 전부터 버섯차를 마시기 시작했는데, 지금 한 가지 확인을 기다리고 있노라고 말했다. 그것은 부인이 10월만 되면 이유를 알 수 없는 알레르기로 눈물, 콧물, 재채기에 열까지 나면서 무척 고생하는데, 그 증상이 올 가을에도 나타날 것인지 지켜보고 있다는 것이다.

그가 원했던 대로, 11월 중순이 지나도록 수십 년 된 부인의 계절적 알레르기 증상은 나타나지 않았다. 이렇게 하여 김사장 댁은 부부가 다 버섯차 마시는 가정이 되었음을 유쾌하게 자랑했다

| 사례53: 고3 여학생의 신경성 설사 치료

필자는 버섯에 대한 책을 처음 썼을 때, 몇 친구들에게 기증했다. 며칠 지난 후 친구 최국장이 전화를 걸어왔다. "우리 딸이 책을 읽어보더니 책에 나오는 설사 환자가 자기 증상(사례 40)과 꼭 같다고 해서 버섯을 좀 먹여볼까 한다."

최국장의 딸은 대학입시 준비생이었다. 아무 때나 설사가 나서 수업 중에도 다녀와야 하고, 등굣길에도 차에서 내려야 하는 일이 잦단다. 그래서 버스를 오래 타야하는 여행은 아예 시도도 못하고 있다고 했다.

그 친구에게 250그램의 아가리쿠스를 구해주었다. 이 딸의 설사가 과연 고쳐질 것인지 결과가 궁금해서 3주일 정도 지난 뒤 전화를 걸었다. 마침 그 딸이 받았다. 아버지가 아직 퇴근해서 오시지 않았단다. 그래서 딸

에게 직접 물어보았다.

"너 버섯 먹으니 어떻더냐?"

"요즘은 화장실 자주 안 가도 돼요."

그 뒤 최국장을 만나자마자 대뜸 "약값 내라"하고 기쁘게 말할 수 있었다. 최국장의 딸이 왜 설사를 자주 했는지 원인을 알지 못한다. 다만 입시를 앞둔 심한 스트레스와 관계가 있지 않을까 하는 생각을 한다. 그렇다면 버섯이 스트레스를 감해줄 이유는 없으므로, 장 기능이 좋아지도록 도움을 주었다고 생각할 수 있다.

┃ 사례54: 결혼 5년 만에 아기를 가진 가정

출판사에 근무하던 K양은 32세를 넘기고서야 결혼했다. 그녀는 만혼이라 아기를 빨리 갖길 원했다. 그러나 희망과는 달리 3년이 지나도 임신하지 못하고 있었다. 부부가 함께 진찰받은 결과 남편에게 결함이 있다는 진단이 나왔다. 임신을 위한 첨단의 방법은 비용이 너무 많이 들어 시도가 쉽지 않았다. 좋다는 보약도 많이 먹어보았다고 했다.

필자는 혹시나 하여 그녀에게 아가리쿠스버섯과 책을 택배로 보냈다. 그녀는 잘 받았다고 감사의 전갈을 해왔다. 그런 후로 필자는 그녀에 대해 잊어버리고 있었다.

작년 여름 어느 날 휴대폰 벨이 울렸다. 그녀였다. 직장에 안 나가고 집에서 지낸다고 웃으며 이야기를 하는데, 전화기 뒤로 아기 우는 소리가 들렸다. 필자는 혹시나 하여 "엄마가 되었어요?"하고 물었다.

"예, 선생님 덕분예요."하고 반가운 대답을 했다.

그녀 가정의 옥동자가 아가리쿠스버섯 때문에 탄생할 수 있었는지 어떤지는 확실히 알 수 없지만 경사가 아닐 수 없다. 만일 버섯이 도움 되었다면, 남성의 부족한 성기능을 증대시켜주었을지 모른다는 추정을 한다.

오늘날 전 지구인이 특히 젊은이들이 환경호르몬의 악영향을 받고 있다. 그 피해는 날로 커져간다. 환경호르몬의 피해는 생식기관의 발달과 기능에서 두드러지게 나타난다. 특히 남성의 경우 정자의 수를 줄여 임신을 불가능하게 하는 것으로 알려져 있다.

사례55: 질염, 냉증이 없어지고 피부가 매끄러워졌어요

건강식품 보급사업을 하는 김사장과 대담 중에 취재한 이야기를 소개한다. 김사장은 일단의 여성 생활설계사들에게 버섯 농축액을 담은 팩을 1주일 치씩 나누어주고 10여 일 지난 뒤 그들을 만나, 그 동안에 자신의 몸에 어떤 변화가 있었는지 이야기해 달라고 부탁했단다.

그때 그 여성들 중 상당수가 "피부가 부드러워진 걸 느껴요."라고 말했고, 소수의 여성은 "냉이 없어졌어요."라고 했다면서, 여성의 냉증 역시 면역력이 부족하여 나타나는 현상이라고 주장했다.

인체의 신비는 참으로 절묘하여 침, 땀, 눈물, 콧물, 질 분비물 등에는 모두 항생력이 강한 물질이 포함되어 있다. 만일 그렇지 않는다면 늘 젖어 있는 그런 부분이 병원균에 견디지 못할 것이다. 그러나 만일 면역력이 약한 사람이라면 그런 분비물의 항생력이 약하여 입안의 구내염, 코

안의 비염, 눈의 안질, 질염(膣炎) 등이 발병할 수 있는 것이다. 그러므로 여러 부인의 질염이 사라진 것은 버섯으로부터 면역력 강화 지원을 받았다고 생각할 수 있다.

그리고 피부가 매끄러워지고 윤기를 찾았다는 이야기도 면역력과 큰 관계가 있다. 피부란 인체의 내부를 병균으로부터 최전방에서 지켜주는 보호벽이다. 즉 피부는 항상 세균에 노출되어 그들을 방어하지 않으면 안 된다. 만일 면역력이 약하다면 이 피부는 병균의 고역에 피해를 입어 거칠어지고(건조한 겨울에는 더 심하다) 자주 염증이 생기고, 여드름이 유난히 많아지고 할 것이다. 이럴 때 면역력이 보강된다면 본래의 윤기 있는 부드러운 피부를 되찾을 수 있는 것이다.

| 사례56: 손바닥 습진이 사라진 버섯재배자

필자가 아가리쿠스버섯 재배자 가운데 그 기술이 매우 훌륭하다고 믿는 충남 부여의 한 농민(56)은 젊어서부터 손바닥 습진으로 고생해 왔단다. 모든 일을 손으로 해야 하는 그분에게는 끊임없이 여기저기 옮겨 다니며 손바닥에 물집이 잡히는 것이 큰 고통이었다.

그는 손바닥 피부가 늘 험하기 때문에 쉬느라고 어디 앉으면 손바닥 껍질 벗겨내는 것이 일이었다. 그런 그가 1995년부터 아가리쿠스를 재배하기 시작하면서 버섯차를 마시게 되었다. 어느 날 그는 손바닥의 습진이 완전히 없어진 것을 발견했다. 완치된 뒤에야 그 사실을 알았던 것이다.

상당히 과체중인 그분의 부인은 심한 당뇨환자이다. 물론 버섯차를 항상 마시고 지낸다. "그 동안 당뇨에 좋다고 여러 가지 먹어본 것 중에 나에게는 이 버섯이 제일 나은 것 같아요."하며 버섯에 신뢰를 표현하고 있다.

또 이 농부의 이웃에 살던 7세 된 남자아이가 뇌암에 걸렸단다. 아이의 부모는 이 농부의 집에서 소문에 들은 아가리쿠스버섯을 구해갔고, 그 어린이는 항암치료를 매우 쉽게 견디었으며, 지금은 완치되어 학교에 다닌다는 증언도 들었다. 2001년 여름의 일이다.

제6장

암의 원인을 알면 암을 피할 수 있다

인체의 모든 기관은 서로 다른 기관을 위해 작용한다. 그러나 암조직은 자기증식만을 위한다. 암을 발견했을 때는 이미 10년 전에 생긴 것이다.

암세포는 이웃 정상세포를 무시한다

암이란 무엇이며, 그것은 왜 생겨나고, 암을 퇴치하기 위해 어떤 연구들이 이루어지고 있는지 등에 대해 조금 알아두는 것은 이 책을 읽는 목적의 하나일 것이다.

우리 몸은 60조 개를 넘는 세포들로 이루어져 있다. 그토록 많은 세포들은 대단히 질서정연하게 분열하고 생장하여 각 조직과 기관을 만들고 있다. 그런데 때로 정체불명의 세포가 생겨나 정상세포 속에 끼여 드는 수가 있다. 이런 낯선 세포는 정상세포와는 딴판으로 무질서하게 불어나거나, 사이좋게 이우러진 조직이나 기관 속에 함부로 침입하기도 한다.

어디나 질서가 무너지면 혼란이 온다. 너무나 잘 조화를 이룬 인체세포라는 사회 속에 무법자가 들어와 횡포를 부리는 것이 바로 암세포이다. 사회조직 속에서도 어떤 한 사람이 질서를 무시하고 이질적으로 놀아 다른 사람에게 피해를 주면, 사람들은 그를 '암적 존재'라고 말한다. 아주 적절한 표현이다.

인간사회에 무법자가 끼여 들면 서로 동화되지 못하고 평화가 깨어지듯이, 몸 속 한 곳에 악성의 세포가 생겨나면 몸 전체에 이상을 일으켜 결국 개체의 죽음을 가져온다. 암 조직은 자신을 죽게 하고, '암적 존재'는 조직과 국가까지 쓰러지게 만드는 것이다.

이 무법자 암세포는 애초 왜 생기는 것일까? 그것은 한 세포의 유전자에 큰 변화가 생김으로써 시작된다. 그러면 무엇이 세포의 유전자에 변화를 주었는가? 과학자들은 그 원인에 대해 확실하게는 모른다. 그러나 강한 방사선, 자외선, 바이러스, 여러 종류의 화학물질 등이 큰 원인이라고 믿는다. 그러나 이것만이 원인은 아니다. 미지의 이유들이 더 있는 것이다.

세포 안에는 수없이 많은 유전자가 있다. 21세기가 시작되면서 인간 유전자 지도가 완전히 해독되어, 이제는 인간의 유전자 화학구조와 배열까지 알고 있다. 그러면 그들 유전자가 아무거나 변하기만 하면 암세포가 되는가? 그렇지는 않다. 그랬다가는 모든 세포가 다 암세포가 되고 말 것이다. 유전자 중에는 세포가 증식하는 것을 조정하거나, 세포 모양을 결정하거나 하는 역할을 하는 것이 몇 가지 있다. 수많은 유전자 중에 그러한 유전자에 이상이 일어나면 그것은 암세포로 발전할 가능성이 높아진다.

이 책에서는 암의 정체에 대해 복잡한 이야기를 할 수는 없다. 암에 관해 잘 알고자 한다면 전문가의 책이 따로 필요할 것이다. 다만 암세포가 정상세포와 다른 두 가지 중요한 이질적 성질이 있다는 것에 대해서는 간단히 알아둘 필요가 있다.

첫째, 암세포는 주변에 있는 다른 정상세포보다 훨씬 빠른 속도로 분열한다. 마치 사회 속에서도 암적 인간이 더 빨리 세를 불려 조직이나 사회를 어지럽히는 경우가 있듯이 말이다. 만일 사회 구성원 속에서 그런 존재를 모르고 오래도록 방치한다면 그 조직에는 반드시 치명적인 사건이 일어나고 만다.

몸의 정상세포들은 일정한 생장기간이 있어 그때에 이르면 더 이상 증식하지 않는다. 예를 들어 심한 간염이 생겨 부득이 수술로 간의 일부를 들어내게 되면, 그때부터 간세포는 정상회복을 위해 세포분열을 시작하여 불어나게 된다. 그러나 일단 본래 모습과 크기만큼 자라면 분열과 성장은 정지한다.

다른 예를 보자. 피부에 상처를 입어 살점이 떨어져 나간다면, 상처받은 조직의 세포들이 분열을 시작하여 본래 상태로 회복되어 간다. 그러나 정상상태만큼 새살이 돋아나오면 세포분열은 더 이상 진행되지 않고 본래 형상에 이르면 자연히 멈추도록 되어 있다. 이것을 인체의 '자기수복력'(自己修復力)이라 한다. 하지만 암조직은 암세포에 영양물질이 공급되는 한 멈출 줄 모르고 분열을 계속한다.

두 번째, 암세포는 정상세포와는 달리 이웃 세포나 조직과의 연관관계를 무너뜨리고 혼자 마음대로 노는 독립적이며 자기중심적인 행동을 하게 된다. 이 점도 암적 인간과 대단히 비슷하다. 그 결과 암세포는 유별난 조직이 되어 전혀 통제 없이 분열을 계속한다. 좀 더 지나면 암조직은 생겨난 자리에만 머물러 있지 않고 작은 암세포로 쪼개져 혈관을 타고 다른 조직으로 퍼져나가기 시작한다. 이런 상태를 암세포의 전이(轉移)라 한다.

전이를 시작한 암세포는 인체의 다른 부분으로 전파되어 그곳에서 새로운 암조직을 만들게 된다. 이런 통제되지 않는 암세포가 분산되어 분열을 계속하면 이윽고 자기를 탄생시킨 몸 전체를 죽음에 이르게 한다.

암세포의 수명은 무제한이다

오랜 연구와 실험 끝에 과학자들은 인체세포를(암세포도 포함) 시험관 속에서 배양하는 방법을 알게 되었다. 예를 들면 과학자들은 인체 세포 몇 개를 떼 내어 영양분이 가득한 시험관이나 배양접시에 담아 배양할 수가 있다. 그런데 정상세포를 배양접시에서 키우면, 세포는 분열을 계속하여 다음 그림처럼 접시 가장자리까지 퍼져 나오게 된다. 그러나 가장자리까지 일단 증식한 세포는 더 이상 세포분열을 않는다.

또 한 가지 신기한 것은, 정상세포는 접시바닥에서 단 1층(1차원)을 만들뿐 여러 층으로 포개어 자라지 않는 것이다. 그들은 마치 목욕탕바닥에 타일이 한층만 깔린 것처럼 증식한다. 이렇게 잘 자란 접시 바닥의 세포를 일부 긁어내면, 세포는 다시 분열하여 그 빈자리를 완전히 메운 뒤 증식을 또 멈춘다. 정상세포라면 항상 이 같은 행동을 어김없이 나타낸다.

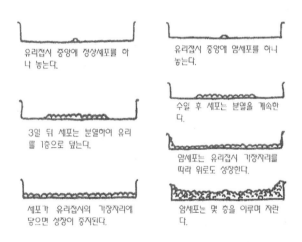

유리접시 중앙에 정상세포를 하나 놓는다.

3일 뒤 세포는 분열하여 유리를 1층으로 덮는다.

세포가 유리접시의 가장자리에 닿으면 성장이 중지된다.

유리접시 중앙에 암세포를 하나 놓는다.

수일 후 세포는 분열을 계속한다.

암세포는 유리접시 가장자리를 따라 위로도 성장한다.

암세포는 몇 층을 이루며 자란다.

정상세포를 접시 안에서 배양하면 바닥에만 1층으로 깔려 자란다. 정상세포는 배양접시 가장자리에 이르면 분열을 멈춘다. 그러나 종양세포는 그림처럼 어떤 제한도 없이 증식한다.

하지만 암세포는 전혀 다른 행동을 보인다. 암세포를 실험접시에서 같은 방법으로 배양하면, 암세포는 접시 바닥을 따라 왕성하게 증식하여 벽에 도달한다. 실험접시 가장자리까지 증식한 암세포는 멈출 줄 모르고 이번에는 접시 벽을 따라 기어오른다. 뿐만 아니라 접시 바닥에서는 1층이 아니라 몇 십 층이라도 두껍게 증식을 계속하여 무질서한 3차원 형태를 이룬다. 그 모습은 마치 덤프트럭에 실린 벽돌을 마구 쏟아 부어둔 모습과도 같다.

그리고 이런 암조직의 일부를 떼어 내어 다른 접시에 담아 배양하면, 말할 것도 없이 암세포는 거기서도 왕성하게 무제한 분열을 계속한다.

암환자의 치료와 연구를 돕는 '헬라' 암세포

과학자들이 암세포에 대한 실험을 할 때 공통적으로 이용하는 헬라(Hela)세포라고 부르는 유명한 암세포가 있다. 이것은 1951년에 자궁암을 수술 받은 헨리에타 렉스(Henrietta Lacks)라는 부인의 몸에서 잘라낸 암세포이다. 그녀는 훗날 이 암 때문에 세상을 떠났으나 그녀에게서 분리해낸 암 세포는 대량 증식되어 전 세계의 암 연구자들이 실험용으로 나누어 가지게 되었다.

그녀의 이름자를 따서 헬라라고 불리게 된 렉스 부인의 암세포는 오늘날 세계의 암연구자들이 연속 배양하면서 암 연구의 기본 샘플로 가장 많이 이용하고 있다. 렉스 부인의 몸에 생겨났던 암세포는 수십 년이 지나도 죽지 않고 세상의 다른 암환자를 치료하는 연구재료로서 중요한 역할을 하게 된 것이다.

　과학자들은 정상세포를 실험접시에서 배양하면서 거기에 여러 가지 약품을 넣어보거나 방사선을 쬐어보는 실험을 한다. 만일 어떤 물질을 넣어주었을 때, 정상적이던 세포가 암세포처럼 분열하게 된다면 그때 넣어준 물질은 발암제로 판단되어 새로운 악명을 갖게 될 것이다.

　유리접시 속에서 암세포를 배양하면 그들도 무작정 크게 자라지는 못한다. 어느 정도 크기가 되면 더 이상 증식하지 못하는데, 그것은 암세포 덩어리가 너무 커져 전체에 영양공급이 되지 않기 때문이다. 그러나 암세포 사이에 혈관을 만드는 세포를 끼워 넣어 주면, 암세포 사이로 혈관이 뻗어나가게 되면 암조직은 그 혈관으로부터 영양을 공급받아 다시 커다랗게 성장한다.

　이러한 성질을 이용하여 암세포조직에 혈관이 생기지 못하게 하는 방법으로 암을 치료하는 연구가 일부 성공하고 있다. 이 연구에 대해 1998년 5월에 있었던 '뉴욕 타임스'의 보도는 한 동안 세계의 암환자를 흥분시켰다. 이 내용은 따로 제8장에서 소개한다.

　암세포는 인체 속에서도 이러한 방법으로 증식한다. 만일 암세포가 생겨나더라도 그곳에 혈관만 만들어지지 않는다면 암세포는 일정한 작은 크기(핀의 머리 정도) 이상 자라지 못한다. 유감스럽게도 암세포는 자신에게 영양을 공급해줄 혈관을 만드는 어떤 물질을 분비하고 있다. 이러한 점에 착안하여 암을 치료하는 방법이 오래 전부터 연구되어 왔다. 즉 암세포에서 나오는 혈관형성 물질을 파괴시키거나, 아예 생겨나지 못하게 하는 방법을 알아내기만 하면 암세포가 굶어죽게 할 수 있을 것이기 때문이다.

암의 원인이 되는 중요한 요소들

정상적인 세포가 왜 암세포로 돌변하는 것일까? 무엇이 이러한 변화를 가져오게 하는지 그 원인부터 알아야 방지하는 방법도 쉽게 찾을 것이다. 일반적으로 몸속에 임세포가 생겨나는 것은 그 세포의 DNA에 돌연변이가 일어난 탓이라고 본다. 돌연변이 이론을 뒷받침하는 근거는 이런 것이다.

암은 언제나 단 1개의 세포에 갑자기 변화가 생김으로서 시작된다. 그리고 일단 한 세포가 암세포로 되면 거기서 분열되어 나온 자손 세포도 전부 암세포로 자란다. 또 암세포는 본래의 정상세포와 비교할 때 생존력이 훨씬 강하다.

우리의 주변 환경은 발암요인으로 가득하다. 담배연기, 방사선, 엑스선, 자외선, 바이러스, 각종 유해식품, 수만 가지 화학성분 그리고 스트레스 등은 모두 암을 일으키는 요소들이다. 담배연기 속의 니트로소아민과 벤즈피렌 등의 물질은 흡연자는 물론이고 옆 사람에게도 영향을 준다. 강한 자외선은 세포의 유전자에 돌연변이를 일으켜 피부암을 유발할 가능성이 있다. 그래서 여름 휴가철이 오면 자외선을 막아준다는 UV(자외선) 방지크림이 잘 팔리고 있다.

일반적으로 신품종 종자를 개량하는 식물육종학자들은 희망하는 돌연변이를 일으키기 위해 씨나 어린 식물에 방사선이나 자외선을 쬐기도 하고, 각종 화학물질을 적셔주거나 하는 방법을 쓴다. 이렇게 볼 때 암세포가 생겨나는 직접적인 원인은 이런 자극 요소들 때문에 세포 핵 속의 유전물질인 DNA에 급작스러운 변화가 생긴 것이라 할 수 있다.

| 암이란 무엇인가?
암이란 비정상적인 세포가 무작정 증식하여 생명을 위협하는 병이다.

| 암이 가져오는 결과는?
- 암은 피부, 뼈, 근육, 혈액, 임파계 등 인체 어디서나 발생한다.
- 암세포는 주변 조직으로 퍼지고 혈관이나 림프계를 따라 다른 곳에도 옮겨가 암을 만든다.
- 암은 나이를 가리지 않고 발생하지만 40대에 더 많이 나타난다.
- 암은 10명에 3명꼴로 발생하고 있다.

| 암을 예방하자면?
- 담배를 금하고, 적절한 음식을 먹으며, 발암물질을 피한다.
- 암을 조기에 발견하도록 정기적으로 검진 받고, 초기 증상에 유의한다.
- 생활 속에서 심한 스트레스를 피한다.

- 암은 유전도 전염도 되지 않는다.

암을 유발하는 대표적인 바이러스가 B형과 C형 간염 바이러스이다. 바이러스가 암을 유발하는 과정은 이렇다. 최하등의 생명체인 바이러스는 핵산과 그것을 둘러싼 껍데기로 구성되어 있다. 이런 바이러스는 세포막에 붙어서 그의 핵산만을 세포 속으로 밀어 넣는 능력을 가지고 있다(다음 그림). 세포 안에 들어간 바이러스의 핵산은 여러 개로 불어나 각각 새로운 바이러스가 되어, 끝내 세로를 죽이고 만다.

이런 과정에 바이러스의 핵산이 정상세포의 핵산 배열 사이에 비집고 들어가 자리를 차지하는 일이 일어난다. 엉뚱한 바이러스의 핵산을 가지게 된 세포는 전과 다른 성질을 가진 세포로 변하여 마치 돌연변이 된 암세포처럼 될 수 있다. 이렇게 변화된 세포는 낯선 단백질을 만들어내기도 하고, 세포분열에 제동을 걸지 못하고 마구 증식하여 주변 세포와 비협조적인 행동을 하게 되는 것이다.

암세포 속에서 바이러스를 찾아내는 일은 아주 어렵다. 바이러스는 너무 작기도 하려니와 자신을 숨기는 대단한 기술을 가진 것처럼 보인다.

우리는 '발암물질'이란 말을 거의 매일 들으며 산다. 그리고 발암물질에는 종류가 무척 많다는 것을 알고 있다. 먹고 마시고 호흡하는 물질 중에는 발암물질이라는 것이 섞여 있으며, 날이 갈수록 그런 물질의 종류와 양이 증가하고 있다. 발암물질의 종류와 양은 지역과 환경에 따라 다르다.

예를 들어 우리나라 사람에게는 위암과 간암 발생률이 높다. 그러나

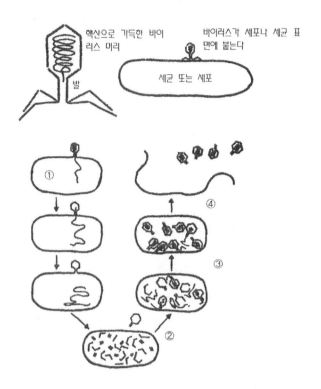

바이러스는 세균이나 다른 생물체의 세포 안에 들어가 증식한다. 바이러스는 머리와 발 부분으로 되어있다. 머릿속은 핵산(DNA)으로 가득하다. 세포나 다른 세균의 표면에 붙은 바이러스는 핵산만 세포(또는 세균) 안으로 밀어 넣는다. 세포 속에 들어간 바이러스의 핵산은 분열하여 7시간이면 1만 배로 증식하여 새로운 바이러스가 될 수 있다. 이렇게 불어난 바이러스는 세포를 죽이고 밖으로 쏟아져 나온다.

미국에 살고 있는 우리 교포들의 위암과 간암 발생률은 국내에서처럼 높지 않다. 반면에 미국의 교포들에게서는 유방암의 발생률이 고국에서보다 높게 나타난다. 이것은 숨 쉬는 대기나 마시는 물, 또는 음식에 서로 다른 종류의 발암물질이 들어있기 때문일 것이다.

또 여러 가지 발암물질에 대한 과학자들의 연구결과를 보면, 같은 물질이라도 어떤 동물에게는 암을 일으키지만 다른 것에서는 아무런 영향을 주지 않는 것도 흔히 있다. 그러면 왜 어떤 동물은 암이 걸리고 다른 것은 그렇지 않은가 이 질문에 대해 "암에 걸리는 동물은 발암물질을 무해하게 변화시키는 효소가 없기 때문"이라 말하기도 한다.

암은 유전도 전염도 되지 않는다.

세포는 '온코진'이라는 암유전자를 가지고 있다. 이 유전자는 사람이 건강할 때는 암세포를 만들지 않는다. 그러나 어떤 발암 요인으로부터 이 온코진 유전자가 자극을 받으면 주변 핵산에 자극을 주어 돌연변이를 일으킨다고 한다.

한편 인체 세포에는 암을 억제하는 유전자도 있다. 이것은 'P53'이라는 이름으로 알려져 있는데, 분자량이 5만 3천인 단백질이라는 의미를 가지고 있다. 그러므로 어떤 이유로 암억제유전자에 이상이 생기면 암세포 발생 위험이 높아진다. 이 유전자에 대한 연구는 이제 초기 단계에 있다.

흔히 부모가 암에 걸렸으니 자신도 암에 걸릴지 모른다는 생각을 가지고 걱정하는 사람이 의외로 많다. 그러나 암은 유전하지 않는 것으로 판단되고 있다. 실제로 암이 유전된다는 말은 전혀 근거가 없는 이야기다. 그러나 어떤 집안(가계)에 같은 종류의 암이 자주 발생하는 경우가 있다. 그것은 그 집안의 생활습관이나 식생활 또는 생활환경 때문에 나타나는 현상일 뿐이지 유전과는 관계가 없다. 예를 들어 온 가족이 발암물질이 섞인 음식을 먹는다거나, 강한 방사선이 쪼이는 곳에서 생활 한다거나 하면 가족 중에 같은 성질의 암이 생겨날 수 있을 것이다.

다만 여러 암 가운데 망막아세포종(網膜芽細胞腫), 색소성 건피증, 가족성 대장 폴립증 3가지는 유전과 관계가 있는 것으로 알려져 있다.

암을 조심해야 할 식품

암세포는 주변의 정상세포를 파괴하면서 자신의 범위를 확대해간다. 그러다가 암세포 조각이 혈액을 따라 여기저기 퍼지게 되면 그때는 암세포가 온몸을 지배하게 된다. 단 1개의 암세포로부터 시작된 암이 발병하기까지는 10~30년이 걸린다고 한다. 그렇다면 40대의 암환자는 이미 10~30대에 암이 생겼던 것이다. 그는 긴 세월 암세포와 함께 지내면서 암 예비자로 살아온 것이다. 이런 점을 생각하면 우리는 식생활을 관리하여 암세포의 발생과 증식을 평소에 막아 발병하지 않도록 살아야 할 것이다.

앞에서도 말했지만 우리나라 사람에게는 위장계통 암 환자가 너무 많다. 위암을 방지하자면 지방질이 많은 음식, 짠 음식, 태운 생선이나 육류 등을 적게 먹고, 황록색 야채와 섬유질이 풍부한 야채, 그리고 버섯이나 해초류, 어패류를 자주 먹도록 권하고 있다.

음식물에 섞인 발암물질로 가장 잘 알려진 것에 5가지가 있다. 그 첫 번째는 벤즈피렌이라는 물질이다. 이것은 토양, 물, 석유, 배기가스, 담배

등에 포함되어 있다. 이 물질은 음식을 그을릴 때 잘 생겨난다. 벤즈피렌이 위 점막에 부착하면 발암 원인이 되는데, 특히 자주 과음하거나, 위 자극이 심한 약을 장복(長服)하거나 하여 위가 상해 있는 사람이 더욱 위험하다.

두 번째로 아플라톡신이라는 발암물질이 있다. 1960년의 일이다. 영국에서 사육 중이던 칠면조 10만 마리가 한꺼번에 죽는 사건이 발생했다. 그것은 브라질에서 사료용으로 수입한 땅콩에 생겨난 특별한 곰팡이가 원인이었다. 그 곰팡이에서 분비되는 아플라톡신이 강한 독성을 가지고 있었던 것이다. 아플라톡신은 미량이라도 간암을 유발할 수 있는 것으로 알려져 있다. 그렇지만 양질의 단백질을 섭취하면 아플라톡신이 해독된다는 보고도 알려졌다.

세 번째는 니트로소아민이라는 발암물질이다. 이것은 식품에 색을 내게 하는 발색제라든가 방부제, 또는 야채나 과일에 묻은 농약 잔유물인 아질산 등이 위액의 산성 물질과 반응하여 만들어진다고 한다. 그러나 비타민C는 이 물질의 생성을 저지하기 때문에 평소 비타민C가 풍부한 야채와 과일을 많이 먹는다면 이를 염려할 필요가 적어진다.

네 번째는 식물에 포함되어 있는 발암물질이다. 사프롤, 사이카신, 베타시아닌, 푸타킬로사이드, 신피틴 등이 그들이다.

다섯 번째 발암물질은 카페인이다. 커피, 홍차, 녹차에 포함된 카페인은 다량 먹으면 세포의 염색체에 변화를 일으켜 기형세포를 만든다는 것이 알려져 있다. 그리고 카페인의 담배의 니코틴과 함께 작용하면 발암성이 더 높아진다. 담배는 폐암, 췌장암, 방광암을 유발하는 것으로 알려져 있다.

스트레스를 없애면 암을 예방할 수 있다

아프리카 수단의 마반족은 세계에서 가장 장수하는 종족의 하나로 알려져 있다. 마반족의 특징은 늙어도 젊음을 잘 유지하고 있다는 것이다. 그들 종족은 노년에 이를지라도 시력과 청력을 그대로 유지하며 이빨도 튼튼하고 심장도 강력하다. 이곳 사람들은 고혈압, 궤양, 동맥경화증, 충수염 따위를 일생 모르고 산다.

그들의 주식은 수수를 빻아 죽을 만들거나 굽거나 발효시켜 맥주처럼 만든 것에 불과하다. 이렇게 단조롭고도 빈약한 식생활을 하면서도 그들은 일생 건강하게 병을 모르고 지낸다. 그곳을 다녀온 한 탐험가는 마반족이 사는 마을을 "고요 그 자체이다. 전기냉장고가 내는 정도의 소리조차 들리지 않는다."라고 기록하고 있다.

그러나 이 마반족 사람도 그곳에서 1천km 떨어진 카르툼시로 나가 살게 되면, 그때부터는 온갖 병에 걸리게 된다. 마반족의 고향에서만 이처럼 건강을 누릴 수 있는 원인은 스트레스가 없는 조용한 생활이라고 생각할 수밖에 없다.

스트레스와 병 사이의 연관성을 나타내는 실례는 대단히 많다. 대부분의 연구자는 고혈압, 위장장해 등 여러 병이 스트레스와 관계된다는 것을 의심하지 않는다. 그러면서도 우리를 어리둥절하게 하는 것은 같은 종류의 스트레스를 받더라도 어떤 사람은 여전히 건강하다는 것이다. 과학자들은 그 원인을 밝히려고 애쓴다.

암 정복이라는 문제 앞에서 우선 생각해야 할 것이 현대인의 스트레스이다. 건강과 스트레스 사이에는 밀접한 관계가 있다. 폐암 한 가지만 두고 볼 때, 심한 스트레스를 견디며 지내는 사람은 그렇지 않은 이에 비해 폐암 발생율이 두 배나 높게 나타난다.

의학자들은 스트레스가 생체에 미치는 영향을 조사하기 위해 실험동물로 쥐를 잘 이용하고 있다. 앞에서 소개한 고난 박사도 여러 실험을 했다. 예를 들어 쥐를 한 마리만 고독하게 키운다거나, 반대로 두 마리가 살 공간에 여러 마리를 넣고(인구 과밀) 살게 하거나, 또는 쥐를 잠자지 못하게 하거나, 연속적으로 전기자극을 하여 고통을 주거나 하는 방법으로 스트레스를 가했을 때 쥐의 면역 상태가 어떻게 변화하는지 조사했다. 이런 실험들은 어김없이 쥐의 면역 기능을 저하시켜 암이나 다른 병에 약하도록 만든다.

심한 정신고통은 암을 만들 위험이 있다

쥐를 통한 실험에서, 심하게 스트레스를 준 쥐를 해부해보면 심장이 비대해지고 임파절과 가슴샘이 오그라들어 있다. 가슴샘에서는 병에 대해 면역성을 갖게 하는 중요한 호르몬이 분비되고 백혈구가 만들어진다. 그리고 스트레스 받은 쥐의 위장에서는 궤양에 의한 출혈이 언제나 발견된다.

의학자들은 인간은 물론 어떤 동물에게도 약간의 스트레스는 오히려 건강에 필요하다고 말한다. 문제는 그것이 심할 때이다. 존스 홉킨스 의

과대학의 캐롤라인 토마스 박사가 장기간에 걸쳐 조사한 연구결과는 암 연구자의 관심을 끌게 한다. 그는 의대생 가운데 졸업반 학생의 건강상태만을 조사했는데, 그중에는 77명의 암환자가 포함되어 있었다. 문제점이 된 것은 암에 걸린 학생의 전체적인 특징이 좀처럼 감정을 폭발시키지 않는 성격을 가지고 있었다는 것이다.

스트레스를 무조건적으로 인내로 버틴다는 것은 여러 가지로 건강을 악화시키는 것이 분명하다. 특히 스트레스 때문에 암까지 나타나서는 안 되겠다. 일반적으로 사람들은 공해물질이라든가 방사선 등이 암의 원인이 된다는 사실에 대해서는 가볍게 생각한다. 우리는 주변 사람들 중에서, 어려운 일을 만나 장기간 정신고통을 받던 사람에게 암이 흔히 생기는 것을 경험하고 있다. "그 사람 이제 살만 하니까 암이 걸렸다"는 말은 그것을 증명한다.

스트레스는 인체의 호르몬 분비 밸런스에 영향을 주어 암과 다른 병에 대한 저항력을 약하게 만든다. 그렇다면 암을 예방하고 또 치료하는 것이 이상적일까? 암을 예방하려면 우선 정신적으로 억제, 근심, 초조감, 짜증스러움, 공포 등의 스트레스를 쌓아두지 말고 적절히 풀 수 있어야 할 것이다.

요즘에는 스트레스 해소법이 많아 탈이다. 스트레스 해소책으로 유행하는 것에 각종 명상, 운동 프로그램, 조깅, 생체자동제어 훈련 등이 있다. 스트레스에서 우리를 벗어나게 하는 가장 좋은 방법은 적당하게 취미생활을 즐기는 것인지도 모른다.

그러나 현대사회는 복잡한 사회적 상호작용과 요구 때문에 스트레스를 해소할 여유가 없다. 그러한 상황일지라도 적당한 운동이라든가 취미 생활을 즐기는 등의 방법으로 스트레스를 줄이는 노력과 병행하여 우리는 자신의 면역력을 강화하는 식생활을 잘 하도록 하는 것이 중요할 것이다.

간이 건강해야 암에 걸리지 않는다

간은 신체의 모든 기관 중에서 단연 압도적으로 다재다능한 기능을 가지고 있다. 간이 없으면 사람은 24시간을 견디지 못한다. 간은 마치 거대한 화학공장과도 같아 대사 작용, 제독(除毒), 분해, 합성, 분비 등 매우 중요한 여러 가지 기능을 하는 인체에서 가장 큰 장기이다.

간의 기능을 좀 구체적으로 보자. 첫째, 입으로 먹은 음식은 소화 흡수되어 문맥이라는 정맥을 통해 간으로 모이고, 간에서는 이것이 에너지를 생산하는 물질로 되어 전신에 배급되도록 한다. 이때 배분하고 남은 에너지는 간세포에 영양물질로 만들어 저장했다가 에너지가 부족할 때 다시 분해하여 공급한다. 이 과정에 생성된 노폐물은 배설하기 좋은 물질로 변화시켜 체외로 내보낸다.

즉 간세포는 여분의 탄수화물이 있으면 그것을 지방과 글리코겐이라는 형태로 바꾸어 저장한다. 만일 탄수화물을 포도당이라는 형태로만 저장하자면 부피가 커서 대단히 넓은 공간이 필요하겠지만 지방이나 글리코겐으로 변화시키면 아주 조금밖에 자리를 차지하지 않는다. 간은 저장된 글리코겐을 소량씩 포도당으로 바꾸어 혈액 속에 일정한 양만큼 유지되도록 보내주는 역할을 하는 것이다.

둘째, 간은 인체에 필요한 각종 소화액과 효소 등을 만들어내는가 하면, 혈액 속에서 수명을 다한 늙은 적혈구를 골라내어 청소하는 일도 한다. 간장(肝臟)이 하는 세 번째로 중요한 일은 몸속에 들어온 독물질이라든가 필요 없는 화학물질을 무해한 물질로 변화시켜 신체가 입을 피해를 방지하는 제독 및 분해 작용이다.

그리고 간은 중요한 면역기관이기도 하다. 즉 간에는 쿠퍼세포라는 면역세포가 있어 몸 안으로 들어온 세균이나 이물질을 분해시켜 체외로 내보낸다. 그래서 간에 이상이 생기면 매우 다양한 증세가 나타나게 된다.

어떤 만성병에 걸려 어떤 약을 장기간 먹어야 할 때, 의사는 반드시 일정한 주기로 간검사를 받도록 한다. 일 것은 약의 독성으로 인해 간이 피해를 입고 있는지 어떤지를 알아보려는 것이다. 만일 그 약이 간에 부담이 된다고 판단되면 의사는 투약을 중단하거나 다른 약으로 바꾸거나 한다.

간은 그 성능이 매우 훌륭하여 전체의 절반이 기능을 잃어도 정상생활을 하는데 별로 불편을 느끼지 않으며, 심지어 정상생활을 하는데 별로 불편을 느끼지 않으며, 심지어 4분의 1 정도만 기능을 다해도 그럭저럭 살 수 있다. 다행스럽게도 간장은 놀라운 회복 기능을 가지고 있어, 설사 그 일부가 손상되더라도 즉시 그것을 대신하는 새로운 간세포가 생겨나게 되어 있다.

이렇게 중요한 간을 사람들은 술이라든가 약물로 혹사하여 못쓰게 만

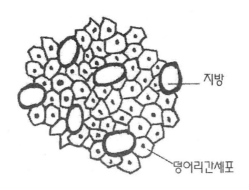

지방

덩어리간세포

평소 술을 많이 마시면 지방질이 간에서 잘 분해되지 않아 간세포 사이에 지방 덩어리가 축적되어 지방간이 된다.

들고 있다. 때때로 바이러스가 간에 침범하여 병이 나기도 하고, 몸의 면역체계에 고장이 생겨 간이 상하는 경우도 있다. 간을 위협하는 간염이나 간암의 원인은 거의가 술과 간을 괴롭히는 독성 약물이다.

평소 술을 과음하고 지내는 사람의 간은 간세포 사이에 지방 덩어리가 축적되는 지방간이 된다. 이 상태가 심화되면 간염으로 발전하고, 그래도 조심하지 않으면 간경화에 이어 간암으로 간다.

간염, 간경화는 간암으로 발전한다.

몸에는 알코올을 저장하는 기관이 없다. 몸에 알코올이 들어오면 그들은 혈액을 따라 간으로 들어간다. 알코올은 간에 도착해서야 겨우 분해되어 아세트알데히드라는 물질로 변화된다. 아세트알데히드는 독성이 있어

간의 표면세포를 공격한다. 그것이 심해지면 끝내 간세포들을 죽이게 된다.

지방간을 가진 사람은 스스로 그것을 알지 못한다. 그러나 지방간이 되면 간조직이 물렁해지고 커지며, 혈액 검사를 하면 비정상으로 나타난다. 지방간에 걸리면 식욕이 줄고 체중이 내려가며 계속해서 피로를 느낀다. 그러다가 정도가 심해지면 열이 나고 간은 더욱 커진다. 이윽고 위장으로 가는 관에서 출혈이 일어나며, 복강(腹腔 내장이 자리 잡은 모든 공간)에 액체가 고인다(이를 복수라고 함). 이 정도에 이르면 간경화가 된 것이며 간은 제 기능을 상실한다.

간경화가 되면 고장 난 간세포가 주변의 정상 간세포까지 침해하여 간장이 해야 할 일을 전혀 못하게 만든다. 인체에 해가 되는 유독물질이 들어와도 걸러내지 않는다. 분해되지 못한 독물질은 혈관에 쌓이거나 뇌 기능에 영향을 주게 된다. 그뿐만이 아니다. 간세포 사이에 그물처럼 펼쳐진 혈관들이 고혈압 상태가 되어, 간을 거쳐나온 피가 다른 소화기관 등으로 흘러가기 어렵게 된다.

다음으로 간을 침범해오는 것이 간암이다. 간이 이런 상태가 되어 있는데, 이때 바이러스가 간을 침범하게 되면 결정적인 문제가 생긴다. B형간염, C형간염이라는 것은 모두 병든 간에 바이러스가 침입하여 생기는 매우 치료하기 어려운 위험한 병이다.

간암은 다른 암에서 볼 수 없는 특성 한 가지가 있다. 많은 사람의 경우, 간이 아닌 위장이나 폐 등에서 생긴 암이 간으로 옮아가 간에 2차적 암을 만드는 수가 흔하다. 그러나 간에 1차적으로 생긴 암은 다른 부분으로 전이되지 않고 있다.

일단 간이 건강치 않다는 사실을 알고 나면 그날로 술을 완전히 끊어야 한다. 술로 인해 발병한 간염이라면 몇 달 병원 신세를 져야 할 것이다. 그런데 간염으로 사망하는 사람도 많다.

술 다음으로 간을 괴롭히는 것이 유독성 약품들이다. 한국인에게 간암이 특히 많은 원인 중에는 몸에 좋다고 하면 어떤 독성분이 있는지도 모르고 무엇이나 먹는 것도 포함될 것이다. 간으로 하여금 끊임없이 독소를 해독하도록 혹사한다면 튼튼한 간도 술에 지치듯 병들고 말 것이다.

생명을 노리는 발생률 높은 10가지 암

100가지도 넘는 암이 알려져 있다. 아래는 그중에 가장 발병률이 높다고 말하는 암 10가지와 그 증상을 참고로 적었다. 암에 대해 자세하게 알고자 하는 독자는 암에 대한 전문적인 의학서나 의사의 조언이 필요할 것이다.

I 1. 폐암

폐는 담배연기를 아주 싫어한다. 그 외에 폐암환자는 석면 취급자, 구리제련소 등에서 나오는 비소라든가 우라늄광산의 방사성 가스를 장시간 호흡한 사람, 오염된 공해가스에 오래 노출된 사람, 비타민A가 부족한 식사를 하는 사람에게 잘 나타난다. 폐암 증세는 쉽게 호흡이 가빠지고 기침이 계속된다. 그러다가 피 섞인 가래가 나오며, 폐렴과 기관지염이 되풀이된다. 폐암은 초기에 발견되지 않고 상당히 진행된 뒤에야 알게 된다.

| 2. 결장암과 직장암

소장에 암이 생기는 일은 아주 드물다. 그러나 60~70대 사람에게서 결장암과 직장암이 자주 나타난다. 지방질 섭취가 많거나 섬유질 섭취가 부족한 사람에게 생기는 경향이 있으며, 가족성(家族性)이 있는 것으로 알려져 있다. 증세는 변에 피가 섞여 나오며 변비가 심하다. 초기에 발견하면 대부분 치유된다.

| 3. 유방암

유방의 모양이 변하거나 피부에 통증이 있거나, 젖꼭지가 이상하여 유방암이 발견된다. 젊을 때는 스스로 조사하다가 40대에 이르면 2년마다, 50세 이상이 되면 매년 정기검진을 받도록 권하고 있다.

| 4. 피부암

강한 자외선 아래에서 피부를 장시간 노출하지 않도록 조심해야 한다. 방사선 관리사, 라듐광산 인부, 콜타르 작업을 하는 사람들에게서 나타나는 경향이 강하다. 피부암은 모양과 색, 색소 침착 등이 일반적인 피부 혹과 좀 다르다. 처음에 조그맣게 시작되어 사마귀만 하다가 종양으로 된다. 피부암의 일반적인 특징은 쉽게 상처를 입으며 피를 잘 흘린다.

| 5. 전립선암

초기에는 모르고 지내다가 전립선이 확대되어 방광을 압박할 때 비로소 발견한다. 소변이 약해지고 흐름이 방해를 받는다. 야간에 소변이 잦아지며 점차 소변보기도 어려워진다. 그러다가 나중에는 소변에 피가 섞이고 아프며 엉덩이와 등, 골반에 통증이 온다.

| 6. 자궁암

폐경 이후에 출혈이 있거나, 생리일이 아닌데 출혈이 발생함으로써 발견된다. 정기검진을 받는 사람은 대부분 조기에 발견되고 있으며, 치료만 빨리 시작하면 거의 완치되고 있다.

| 7. 방광암

흡연자, 가죽이나 고무를 가공하는 사람, 염료나 페인트 취급자 등에 발병할 우려가 높다. 인공감미료도 좋지 않다고 한다. 아프지 않으면서 소변에 피가 섞여 나오고 소변이 잦다. 나중에는 방광이 경련을 일으킨다. 일찍 발견한 사람은 거의 완치되고 있다.

| 8. 백혈병(혈액암)

강한 방사선이나 벤젠 같은 화학물질 등이 원인이 될 가능성이 크다. 혈액을 생산하는 골수의 암이어서 백혈병이 발병하면 면역계에 이상이 생긴다. 열이 나고 임파절이 확대되며 뼈와 관절이 아프다. 창백해지며 쉽게 멍이 들고 피가 잘 난다. 무엇보다 면역력이 약하기 때문에 세균성 질병에 잘 걸린다. 식욕을 잃고 피곤하며 자다가 땀을 잘 흘리기도 한다.

I 9. 위암과 소화기암

자극적인 음식이라든가 흡연, 태운 음식, 방사선 등 여러 가지 원인이 알려져 있지만 확실치가 않다. 위암은 초기 발견이 아주 어렵다. 식욕이 떨어지고 체중이 급히 줄어들며 복부가 부어오르는 등의 증세는 위궤양과 아주 비슷하다. 그러다가 암이 많이 진행되면 심한 복통이 몇 시간 계속되기도 한다. 토혈이 있고 혈변도 나타난다. 열이 계속되며 황달증세가 나타나기도 한다.

위암은 45세 이후에 잘 나타나는 편이다. 암이 위장 아래쪽에 생기면 위속의 음식물이 장으로 빠져나가지 않아 구토를 심하게 하고, 식도 가까이 암이 자라면 차츰 음식 삼키기가 어려워진다.

병원에서 위암을 처음 진단할 때는 GI(gastrointestinal)검사를 한다. 이것은 환자의 위와 장을 바륨으로 가득 채운 다음 엑스레이를 찍어 조사하는 검사이다. 바륨은 엑스선을 통과시키지 않기 때문에 전문 의사는 필름에 나타난 그림자를 판독하여 암을 찾아낼 수 있다. 만일 의심스러운 부분이 발견되면 의사는 정밀검사를 하게 된다.

I 10. 구강암

흡연, 음주, 잘못 된 이빨 치료 등이 원인이 될 수 있다. 입안에서 쉽게 피가 나고 잘 낫지 않는다. 병소는 불룩하거나 단단하며, 붉은색 또는 흰 얼룩이 오래간다. 나중에는 씹기와 삼키기, 혀와 턱을 움직이기 어렵게 된다.

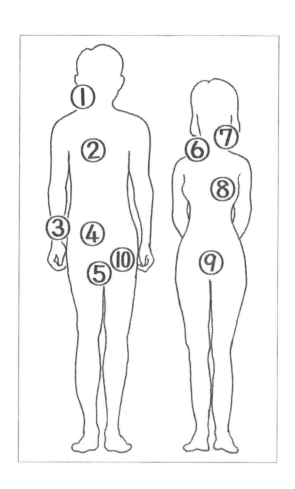

발생빈도가 높은 암 종류와 증상

┃ 1. 구강암

혀, 침샘, 입술에 발생하는 암은 술, 담배와 관계가 많다. 입안이 쓰라리고 돌기가 생겨 없어지지 않는다. 목구멍이 계속 쓰리고 삼키기가 고통스러우며, 턱이나 혀를 움직이기 어렵다.

┃ 2. 폐암

대부분 담배가 주범인 폐암은 발생률도 가장 높다. 기침이 계속되고 혈담이 나오며 가슴에 통증이 온다.

┃ 3. 피부암

가장 흔하지만 치료는 용이하다. 피부 상처에서 출혈이 계속되거나, 붉은 반점, 작고 단단한 짙은 색의 혹, 검은 사마귀도 조심해야 한다.

┃ 4. 위암, 소화기암

위, 췌장, 소장, 대장, 직장에 발생하며 나쁜 음식과 관계가 깊다. 장 출혈로 혈변이 보이고, 장이 자주 탈나며 복통이 반복된다. 혈변을 치질 탓이라고 보면 위험하다.

5. 전립선암

남성의 사정액 성분을 공급하는 방광 밑에 있는 분비샘에 발생한다. 소변이 잦아지면서 잘 나오지 않는다. 혈뇨가 나오며 엉덩이 골반 등에 통증이 오면 조기에 치료한다.

6. 후두암

목소리가 쉬고 음성이 변한다. 목안이 붓고, 기침이 나며, 숨 쉬거나 삼킬 때 아프고, 귀에도 통증이 온다.

7. 백혈병 및 혈액암

백혈병은 백혈구를 생산하는 조직에 암이 발생한 것이다. 목과 겨드랑이가 부어오르고, 혈색이 창백하며, 상처와 출혈이 잦아진다.

8. 유방암

50대에 들어 여성에 주로 발생하며, 임신 경험이 없거나 30세 이후에 첫 아기를 가진 경우 발생률이 높다. 유방에 생긴 혹은 형태를 변형시킨다. 조직이 두터워지고 유두에서 누액(漏液) 또는 출혈하기도 한다.

9. 자궁암

난소 및 자궁경부 등에 발생한다. 정기검진에서 주로 발견된다. 폐경 후에 출혈이 있거나 정기 생리일 사이에 출혈이 나타난다.

| 10. 방광암

방광, 뇨도 등에 발생한다. 배뇨가 약해지고 어려우며 혈뇨가 나오기
도 하고, 소변이 잦아진다.

제7장

암환자를 구하는 면역요법의 절대적 효과

면역요법은 암과 모든 성인병에 대처하는 쉽고 효과적인 치료와 방
어의 수단이다

암을 치료하는 오늘의 방법 4가지

암은 공룡에게도 있었다는 것이 그 화석에서 발견되고 있다. 실제로 암은 사람만이 아니라 모든 동물과 심지어 식물까지 괴롭히고 있다. 현재까지 사람의 암 종류만 해도 100여 가지 이상 알려져 있다.

여러 가지 원인으로 발생하는 암을 치료하는 방법이 그동안 수없이 개발되어 왔다. 획기적인 항암제라든가 치료법이 나왔다는 뉴스가 일주일이 멀다하고 나온다. 이런 소식이 수십 년을 두고 보도되어 왔지만 암은 아직도 모든 사람이 가장 두려워하는 인류 최대의 적으로 남아 있다. 암이라면 우선 죽음을 생각할 정도이다. 그도 그럴 것이 사망자 3사람 또는 4사람 중에 1사람이 암으로 희생되고 있기 때문이다.

오늘날 의학연구에서 가장 예산을 많이 쓰는 분야가 암의 원인과 치료법을 찾는 것이다. 암을 정복하기 위한 방법을 백방으로 연구하지만 암환자는 계속 늘고 있다. 그 이유는 암이라는 것에 대해 아직도 모르는 것이 너무 많기 때문이다. 한편 암 치료 의술이 발전함에 따라 암이라는 죽음의 그림자로부터 살아나는 사람도 갈수록 늘고 있다.

암을 연구하는 의학자들은 '암 연구야말로 고난의 길'이라고 말한다. 그러나 암도 결코 불치의 병은 아니다. 사실 암을 극복하고 완치되어 사회에 복귀한 분들을 주변에서 가끔 만나게 된다. 그런 기적 같은 일이 모든 암환자에게 일어나게 하는 희망의 날이 올 것인가?

암을 치료하는 방법을 크게 나누면, 수술을 하는 외과요법, 방사선요법, 약품을 쓰는 화학요법 그리고 면역요법 4가지가 있다. 이런 4가지 치료방법은 어느 한 가지만 쓰는 것이 아니라 복합적으로 이용되고 있다.

| 외과요법 – 효과적이지만 위험도 있다

외과요법이란 한마디로 암세포를 수술로 잘라내는 방법으로, 현재까지 가장 많이 사용되고 있다. 실제로 암환자의 60~70%는 수술로 치료받고 있다. 암 중에서도 위암을 비롯한 소화기계의 암과, 폐암, 뇌종양 등에 널리 쓰는 치료방법이 암 조직을 수술로 들어내는 것이다.

그런데 이 외과요법은 암이 생긴 초기단계에 효과적인 치료법이다. 조기에 위암이 발견되면 위를 광범위하게 잘라내는데, 수술 받고 5년 이상 사는 사람이 97%에 이르고 있을 정도이다. 그러나 상당히 진행된 암을 치료하는 데는 수술이 완전하지 못하다. 암은 다른 곳으로 퍼져 나가기 때문에 전이(轉移)된 부분을 모조리 수술할 수가 없다.

그리고 전이가 아직 안된 상태라 하더라도 장기라든가 몸 일부가 수술로 떨어져나가게 되면 체력이 급격히 떨어지고 생체 기능에 이상이 일어난다. 나쁜 부분을 도려내는 것만으로 모든 것이 해결되는 것은 아니다. 큰 수술을 하고 나면 주변 장기와의 연관관계가 깨어지고 호르몬 등이 정상기능을 못하게 되는 위험이 따른다. 싹 도려내 버리는 맛은 있지만 동시에 리스크도 따르는 것이다.

예를 들어 위암환자의 경우, 정도가 심하면 위를 전부 들어내기도 한다. 이렇게 되면 환자는 소화와 흡수의 장해로 말미암아 영양상태가 악화되고, 장액이 식도로 역류하게 되어 심한 고통을 당하게 된다. 그리고 후두암으로 후두 전부를 수술하면 말을 할 수 없게 되고, 직장암으로 항문이 없어지면 복측(腹側)에 인공항문을 준비해야 한다.

▍방사선 치료 - 성공하면 사회복귀가 비교적 쉽다

수술하지 않고 암을 제거하는 방법으로 방사선요법이 쓰인다. 방사선요법은 피부암, 후두암, 구강암(혀암, 편도암, 입술암) 치료 등에 널리 쓰이는 방법이다. 방사선은 피부를 침투해서 내부 환부에 도달하는 성질과, 세포핵 속에 있는 핵산(DNA)을 파괴하는 방법으로 암세포를 죽이는 두 가지 기능을 가지고 있다. 이런 성질을 이용하여 방사선을 암조직에 쏘면 암세포가 죽어 종양이 줄어든다.

방사선을 조사(照射)하면 부작용이 따른다. 그러나 제거해야 할 환부에만 방사선을 집중하여 잘 쏠 수 있다면, 수술보다 오히려 더 정밀하게 암조직을 없앨 것이다. 그렇게만 되면 다른 조직에 피해가 적어 사회복귀도 쉬워진다. 그런데 아무리 조심해도 정상세포가 다친다. 구강암이라든가 자궁암의 경우 암조직 속에 방사선물질을 담은 캡슐을 넣어 국소(局所)에만 조사(照射)하도록 하는 방법이 쓰이고 있다.

대부분의 경우 암 치료는 외과적인 수술방법과 방사선 치료법을 함께 이용한다. 그러나 환자의 상태에 따라 방사선요법만 사용해야 하는 경우가 있다. 그것은 환자가 너무 쇠약하여 수술할 수 없을 때이다. 체력이 극히 부족한 위급한 환자에게는 방사선 치료만 실시하여 환자의 수명을 연장하면서 기력을 회복토록 기다릴 수 있을 것이다 방사선치료를 할 때 의사는 정상세포가 되도록 손상되지 않도록 하기 위해 방사선의 감수성을 높여주는 약품을 쓰는 한편, 방사선조사 작업을 컴퓨터로 정밀하게 조정해 실시하고 있다. 그렇지만 방사선으로 암세포만 골라 한 개 한 개 공격하는 기술은 아직 개발되지 않았다.

방사선 치료에 의해 정상세포가 손상을 받으면 백혈구 감소현상과 구토감, 빈혈 등의 부작용이 따르며, 심한 경우 점막궤양이라든가 피부궤양이 생기기도 한다. 또 운이 나쁘면 방사선을 쏘인 곳에 다시 다른 암이 생겨나는 수도 있다.

∣ 화학요법 – 정상세포를 침해하는 부작용이 따른다

화학요법이란, 약품으로 암세포의 세포분열을 방해하여 종양을 죽이는 방법이다. 지금까지 여러 종류의 항암제가 개발되어 나왔지만 결정적으로 효과가 있는 약은 아직 없다. 화학요법은 수술과 방사선치료의 보조적인 역할을 하고 있을 뿐이다.

항암치료제로 일반인에게 가장 잘 알려진 것은 인터페론이다. 역사상 의학자들이 암 치료에 제일 먼저 이용한 약품은 제1차 세계대전 때 개발된 독가스(이페리트)였던 것 같다. 사람이 이 독가스를 쐬게 되면 피부와 점막을 보호하기 위해 백혈구를 많이 만들게 된다. 이런 점을 역이용하여 백혈병환자를 치료할 수 없을까 하고 연구한 끝에 나온 것이 최초의 화학요법 치료제인 '나이트로젠 머스타드'였다.

오늘날 쓰이는 항암제는 다양하다. 항암제의 기능을 보면, 세포의 핵산을 깨뜨리거나, 핵산 합성을 저지하거나, 세포 속에서 일어나는 대사경로(代謝徑路)를 방해하거나, 세포의 증식을 가로막거나 하는 작용을 한다. 의사는 이런 약제를 적절히 섞어 사용하여 항암효과를 상승시키는 동시에 부작용이 적도록 노력한다.

그러나 항암제는 부작용을 피하기 어려운 단점이 있다. 그것은 항암제가 암세포와 정상세포를 구분하지 않고 동시에 침해하기 때문이다. 그래서 항암제 치료를 받으면 위 기능이 저하되어 식욕을 잃고, 간 기능과 신장 기능이 떨어져 대소변에 이상이 생기며, 그 외에 탈모와 백혈구 감소 등의 장해가 나타나게 된다. 그리고 인터페론도 과량 투여하면 심한 정신적 부작용이 나타나기도 한다.

새로운 항암제가 개발되었다는 소식을 접하게 되면 대개의 환자들은 새 약의 효과에 기대를 걸고 사용을 희망한다. 그러나 지금까지 신제품 항암제에 의한 피해자는 언제나 많이 발생했다. 그래서 그때마다 문제점이 지적 되면서 면역요법이 우선되어야 한다는 주장이 나왔다.

| 면역요법 - 부작용 없는 이상적 치료법

면역요법이란 환자 자신의 면역체계를 자극하여 암을 물리치도록 하는 치료법이다. 즉 환자의 약화된 면역계로 하여금 신체의 암조직을 적으로 생각하여 면역세포들이 보다 강력하게 공격토록 도움을 주는 것이다.

사람은 누구라도 암에 걸릴 가능성을 항상 가지고 산다. 그러나 대부분의 사람은 일생 암을 모르고 지낸다. 그것은 인체에 암을 방지하는 생리적 기구가 잘 준비되어 있기 때문이다. 어떤 이유로 몸 어딘가에 한 개의 암세포가 발생하여 그것이 1그램 정도 크기로 성장하기까지는 5~10년이 걸린다고 한다. 그러나 그 뒤부터는 성장속도가 아주 빨라져 몇 달이나 1, 2년 사이에 사방으로 퍼질 수 있는 전이성(轉移性) 암으로까지 변한다.

이토록 무서운 암세포가 생겨나지 않도록 미리 막아주고, 설령 종양이 나타나더라도 그것의 성장이라든가 전이를 방지하는 것은 '인체의 면역 기구'라는 것이다. 면역기구는 암뿐만 아니라 병원균이나 이물질의 침입에 대해서도 방어해주는 생체 내에서 가장 잘 짜여진 생명보호 기구이다.

만일 암세포가 생겨났는데도 면역기구가 제대로 작용하지 못한다면, 암세포는 그때부터 증식을 멈추지 않고 자라기 시작한다. 암은 우리 몸이 충분히 갖추고 있어야 할 면역력이 떨어졌을 때 쉽게 발생하고 있다. 면역력이 약하면 앞에서 말한 발암식품, 방사선, 바이러스, 스트레스 등의 자극에 대해 저항하는 힘이 약화되는 것이다.

암과 인체의 면역력 사이에는 아무 관계가 없다고 처음에는 생각했다. 그러다가 장기이식 분야에 대한 연구가 진전되면서 암과 면역 사이에 깊은 관련이 있음을 알게 되었다. 인체에 다른 사람의 간이나 신장을 이식하면, 다른 사람 조직에 대해 거부반응을 나타낸다. 거부반응은 자기 몸의 임파구가 타인의 장기를 마치 자기 몸에 침입한 병원균으로 취급하여 죽여 버리는 작용 때문에 일어난다는 것을 알게 되었다.

과학자들은 한 걸음 더 나아가, 임파구가 타인의 장기나 병원균을 거

부하고 퇴치하는 것처럼 암세포도 제거하려 하는 것이 확실하다면, 임파
구 수를 늘이고 그 활동력을 강화시켜주면 암을 방어할 수 있지 않을까
하는 생각을 가지게 되었다.

항암제는 면역력을 약화시킨다

이 책을 쓴 중요 목적은 버섯 속에 포함된 신비로운 물질들이 인체 면
역력을 강화시킨다는 사실을 알리는 것이다. 버섯 속의 항암물질은 병원
에서 사용하는 항암제와는 그 기능이 다르다. 항암용 화학치료제는 암세
포 자체를 직접 공격하는 것이지만, 버섯 속의 물질은 암환자의 약해진
면역력을 높여주어 간접적으로 암을 이기도록 하고 있는 것이다.

암환자들이 치료 과정에 두려워하는 것은 부작용이다. 약물이나 방사
선으로 암을 치료할 때 나타나는 부작용은 인체가 본래 가지고 있는 면역
장치가 약해져버린 탓으로 나타나는 현상이다. 암환자는 애초부터 면역
기구가 건강치 못한 상태에 있다. 그런 환자에게 방사선이라든가 항암제
치료를 하면 그나마 쇠약한 면역기능이 더욱 악화되는 결과가 온다.

면역 능력을 잃으면 다른 질병에 대해서도 무방비 상태가 된다. 그러
므로 항암치료를 받는 동안에는 자신의 면역력이 너무 약해져 온갖 병에
시달릴 위험이 다르고, 실제로 그래서 암 치료라는 것이 고통스러운 것이
다. 세상의 질병은 면역력으로 지켜야 하는 것이 거의 전부라해도 과언이
아니다.

항암제라는 것은 심장과 폐, 신장 등의 기능에도 지장을 주기 때문에 심하면 심장근육장애라든가 호흡 곤란, 신부전(腎不全)도 일으킨다. 또 어떤 항암제는 그 자체가 낯선 화학물질이기 때문에 다른 종류의 암을 일으킬 수 있다는 사실도 알려져 있다.

암을 직접적인 방법으로 치료하는 의학자들은 항암제나 방사선치료에서 오는 부작용 때문에 고전하고 있다. 그래서 어떤 의학자는 암 자체보다 암 치료의 부작용이 환자에게 더 불리하다고 주장하는 사람도 있을 정도이다. 일부 의사는 "항암제 치료로 효과를 보는 환자는 전체의 1할도 안 된다."고 말하기도 한다.

다시 말하지만, 항암제 사용이라든가 방사선치료가 어려운 것은 그 부작용으로 환자가 병과 싸울 저항력(면역력)을 잃게 된다는 것이다. 사실 많은 암환자는 암 자체보다 다른 병에 대한 저항력 저하로 그 병을 이기지 못해 일찍 생명을 잃고 있다. 예를 들어 항암치료의 부작용으로 골수조직이 상하게 되면 병균과 싸울 임파구 같은 면역작용을 하는 세포가 줄어들거나 기능이 떨어져 환자를 치료하기 어렵게 만드는 것이다.

이와는 달리 면역력을 강화시키는 방법(면역요법)을 쓰게 되면 임파구의 기능을 활성화시켜 환자가 병에 잘 저항하도록 해준다. 그러므로 항암제와 병행하여 면역요법을 쓰게 되면, 면역력이 약해지는 심각한 부작용을 줄이므로 목적하는 항암효과를 높이게 되는 것이다.

1993년경부터 일본에서는 면역요법의 하나로 AHCC(Active Hexose Compound)가 주목을 받았다. 일본 대도시 곳곳에서 의학자들이 연사로 나선 치료 사례 강연회가 개최되기도 한 AHCC는 다름 아닌 아가리쿠스 버섯 추출물로 만든 면역활성물질(또는 생체활성물질)을 첨가한 건강보조식품이었다.

오사카의과대학의 야스오 교수는 간암과 간경변이 동반된 환자에게 이 식품을 투여한 결과 3명의 환자에게서 복수가 현저히 줄어들었으며, 그 중에 2명은 일터로 복귀했다고 발표하고, "AHCC의 투여는 식욕의 개선, 기분전환, 수면 증진, 피로회복, 통증 완화 등 일상생활의 질을 크게 향상시켰다"고 증언하기도 했다.

근래에 와서 시중에 선전되고 있는 온갖 건강보조식품들은 서로 다투어 '면역력을 강화한다'고 주장하고 있다. 그러면 이렇게 중요한 인체의 면역기구라는 것이 우리 몸에 어떻게 준비되어 있는지 조금 알아둘 필요가 있다.

면역의 주인공은 임파구들이다

감기가 아무리 유행해도 어떤 사람은 감기에 전염되지 않고 잘 넘어간다. 그런 사람은 감기 바이러스에 대한 면역력이 특히 강한 탓이다. 에이즈에 감염되더라도 어떤 사람은 발병하지 않고 건강하게 지낸다. 그것은 에이즈 바이러스를 증식하지 못하게 하는 면역력이 잘 작용하기 때문이다.

인간은 일생동안 너무 작아 눈에 보이지도 않는 미생물에 둘러싸여 살아가고 있다. 수많은 종류의 미생물 가운데 대부분은 인체에 영향을 주지 않는다. 그러나 일부 미생물은 인간을 병들게 한다. 그런 미생물을 병원균 또는 병균이라 부른다.

전염병을 일으키고, 상처를 곪게 하는 박테리아와 바이러스 종류가 바로 병원균이다. 우리가 마시는 공기와 물, 먹는 음식 등에는 헤아리기조차 불가능한 수의 병원균이 섞여 있다. 그러나 대부분의 경우 우리는 건강하게 살아간다. 이처럼 온갖 병균에 파묻혀 있으면서도 안전하게 활동할 수 있는 것은 인체가 준비하고 있는 '병균에 대한 면역력' 때문이다.

그러나 때때로 이 병균들은 인체의 세포 속으로 들어와 순식간에 대량 번식해서는 세포를 죽이고 독소를 분비하며, 혈관을 막아버리기도 하여 사람을 병들게 한다. 병균이 몸으로 들어와 증식하게 된 것을 감염이라 말한다. 피부에 생긴 종기도 감염의 결과이다. 전염병이 유행하면 많은 사람이 그 전염병균에 감염된다. 과거에 페스트나 장티푸스, 콜레라 등이 퍼져 수백만의 사람이 죽어 갔지만 그런 가운데서도 그런 병원균에 저항할 강한 면역력을 가진 사람은 살아남았다.

오늘날에는 암이라든가 고혈압, 심장병, 당뇨 등의 소위 현대 성인병에 의해 사망하는 사람이 많다. 그러나 과거에는 온갖 전염병과 기생충병, 비타민 부족증, 영양실조 등으로 일찍 세상을 떠나는 사람이 대부분이었다. 과거에 최고의 사인(死因)이었던 전염병에서 해방될 수 있었던 것은 면역학이라는 생명과학 분야가 잘 발달한 덕분이라 할 수 있다.

면역학의 대표적인 발명품이 백신이라는 예방주사이다. 면역학자들의 노력으로 지금에 와서는 소아마비라든가 천연두 같은 병균이 이 지구상에서 아주 사라져버렸다. 그런데 만일 천연두균을 어떤 테러집단이 또는 국가가 가지고 있을지 모른다는 것은 큰 두려움이 아닐 수 없다.

오늘날 의학자들은 대부분의 전염병에 대항할 수 있는 예방주사를 만들어두고 있다. 그러나 아직도 몇 가지 병균에 대해서는 속수무책이다. 그 중의 하나가 에이즈를 일으키는 바이러스이다.

온갖 병균으로부터 인간의 생명을 지켜온 면역학자들은 에이즈(AIDS)를 비롯하여 현대인의 가장 두려운 적이라는 암까지 면역학적인 방법으로 방어하고 퇴치하는 길을 열어가고 있다.

에이즈에 걸리게 하는 바이러스를 HIV(human immunodeficiency virus)라 부른다. 에이즈 연구자의 조사에 따르면 세계적으로 매일 1만 6천 명이 에이즈 바이러스에 감염되고 있으며, 그들 가운데 90%는 아프리카 같은 저개발국 사람들이라 한다. 그런데 전 세계적으로 3천만 명에 달한다는 에이즈 환자는 HIV에 대항할 면역기능을 상실하게 되어 죽음에 이르게 된다. 에이즈가 두려운 것은 온갖 병에서 지켜주는 면역기구를 에이즈바이러스가 서서히 파괴시키기 때문이다.(구체적인 내용 254 페이지 참조.)

면역이란 병원균을 발견하고 죽이는 것이다

인체에서 병균을 가장 적극적으로 잘 막아주는 것이 피부이다. 위장으로 들어온 세균은 위산이 죽여 버리고, 코나 폐로 들어온 균이라든가, 입과 눈으로 침범한 세균은 점막 또는 눈물, 콧물, 침, 땀 등에 포함된 효소에 의해 분해되어 버린다. 그러나 때때로 병균은 피부나 점막을 뚫고 몸 안까지 들어온다.

몸이 쇠약하거나 화상을 입어 상처가 심하거나 습진이 많이 퍼졌거나 하면 세균들은 상처를 통해 더욱 잘 침범한다. 일단 피부를 뚫고 몸 안에 도달한 세균은 몸 전체에 혈관처럼 퍼져있는 임파관이나 혈관을 통해 몸 깊숙이 들어오게 된다.

만일 불운하게도 이처럼 병균이 침범하게 되면, 세균은 인체의 영양분을 이용하여 그 수가 불어나기 시작한다. 어떤 세균은 20분마다 배로 늘어나기도 한다. 그들은 잠깐 사이에 엄청난 수로 증식할 수 있으며, 불어나는 동안 인체 세포를 파괴하는 해로운 독소를 끊임없이 분비한다.

이런 일이 실제로 일어난다면 우리 몸은 비상이 걸린다. 일반적으로 세균은 몸 안 깊숙이 침범하기 전에 면역 기구에 의해 퇴치 당한다. 즉 임파관을 따라 안으로 들어온 세균들은 임파절에서 임파구(백혈구)와 마주치게 된다. 임파절에서 길목을 지키고 있던 임파구는 세균을 가려내어 죽인다. 그런 일이 벌어지고 있을 때 우리는 임파절이 부어 아프다는 것을 느끼며 체온도 높아진다.

세균들이 임파절에서 모두 처단된다면 다행이다. 그러나 임파구에게 잡아먹히는 세균 수보다 불어나는 균이 더 많으면 그들은 온몸으로 퍼져 가게 된다. 이런 상황이 되면 몸은 병균과 대전쟁을 벌여야 한다. 그때 세균에 대항하여 일대 전면전을 도맡는 것이 여러 종류의 임파구들이다.

독감바이러스(인플루엔자)는 종류와 그 변형이 많다. 독감바이러스는 인체에 들어와 세포의 기능을 방해하거나 죽게 만든다. 만일 그것이 지독한 바이러스라면, 우리는 고열이 나고 심한 두통을 겪으며 병든 병아리처럼 기력을 잃는다. 이런 독감증상은 바이러스의 영향이 아니라, 인체가 바이러스와 격전을 벌이기 위해 강력한 단백질을 만들 때 나타나는 현상이다. 이때 만들어지는 단백질이란 임파구라든가 항체, 인터페론 등이다.

만일 박테리아가 혈관 속으로 침투하여 온몸을 돌아다니면서 계속 증식하게 되면, 그들은 혈관 속에 독소를 가득 쏟아놓게 된다. 세균이 분비하는 독소도 단백질의 일종이다. 이 독소는 인체 세포를 죽이거나 기능을 마비시킨다. 그러므로 인체는 독소를 청소하고 세균을 처치할 백혈구와 항체를 대량 생산하기 위해 맹렬하게 노력하게 된다. 열은 이때 발생하게 되는 것이다. 인체는 체온이 높으면 오한을 느끼고 기운을 잃는다.

화학반응이란 온도가 높을수록 빨리 진행된다. 세균을 무찌를 항체라는 단백질을 빨리 대량 생산하려면 인체도 약간 높은 열이 필요하다. 인체는 특별한 병이 없는 한 일정한 평상온도를 유지한다. 그러나 세균에 감염되면 백혈구가 '인터로이킨-1'이라는 물질을 분비하게 된다. 이 인터로이킨-1은 뇌에 있는 체온조절 장치에 신호를 보내 체온을 올리도록 만든다.

만일 독감에 걸려 열이 최고조로 높은 상태에 이르렀다면, 그 환자는 머지않아 대반격전이 벌어져 회복될 시간이 임박했다고 생각해도 좋을 것이다.

임파구는 인체를 지키는 방위군

병균, 암세포, 이물질(異物質) 등은 인체를 침범하는 적군이다. 이런 적에 대항하여 싸우는 강력한 군대를 우리 몸은 늘 양성하고 있다. 군대에 육군, 해군, 공군, 해병, 특전군이 있듯이 인체도 여러 형태의 군대를 준비하고 있다. 인체가 병원균을 퇴치하기 위해 양성한 가장 강력한 군대(면역 기구)는 백혈구들이다.

면역 기구를 이해하려면 백혈구에 대해 좀 더 알 필요가 있다. 우리 혈액 속에는 적혈구, 백혈구 그리고 혈소판이란 것이 들어 있다. 혈소판은 피의 응고에 작용하는 것이어서 여기서는 생각할 필요가 없겠다.

중요한 것은 백혈구 또는 임파구라고 부르는 것이다. 적혈구는 둥근 도넛 모양이고 붉은색이며, 백혈구(임파구)는 무색이다. 그런데 이 임파구에는 마치 군대처럼 여러 종류가 있고 각각의 기능이 다르다는 점을 이해해야겠다.

인체를 구성하는 세포는 모우 일정한 자리를 지키고 있다. 그러나 혈액 속에서 이리저리 흘러 다니는 혈액세포들은 한곳에 머물지 않는 떠돌이들이다. 이들 혈액 속을 이동하는 적혈구와 백혈구는 심장의 강력한 펌프질에 의해 인체 구석구석까지 밀려간다. 그러나 임파구는 적혈구와 달리 외부 침입자가 있으면 혈액의 흐름과는 관계없이 그것을 향해 독자적으로 이동할 수 있다.

혈구 가운데 산소를 운반하는 것이 적혈구이다. 적혈구가 붉은빛을 내는 것은 헤모글로빈 때문이다. 헤모글로빈은 단백질과 철의 화합물이며,

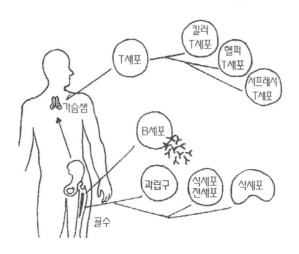

골수에서 만들어진 임파구는 가슴샘으로 가서 거기서 T세포(또는 T임파구)라는 특전용사가
된다. T임파구에는 킬러 T세포, 헬퍼T세포, 서프레서 T세포 등이 있는 것으로 알려져 있다.
그리고 골수에서 만들어진 B세포는 마크로파지 또는 식세포(食細胞)라 부르는 임파구가 된
다. 이 마크로파지는 바이러스나 세균을 삼켜 분해하는 역할을 한다. 그리고 B세포 가운데
일부는 항체를 생산하는 임파구로 변한다. 항체들은 병원체의 세포막에 늘어서 있는 낯선 단
백질들에게 달라붙어 세균이 기능을 잃도록 만든다.

폐에서 산소를 붙잡아 몸 안 깊숙한 목적지까지 절대 놓치지 않고 운반하
는 능력을 가졌다. 그리고 이 헤모글로빈은 탄산가스와도 잘 결합하여(일
산화탄소와는 더욱 잘 결합한다) 세포에서 생긴 탄산가스를 담아 나와 폐로 운
반하여 그곳에서 폐기처분한다.

　　몸속의 적혈구 수는 약 25조 개이며, 한 번 생겨나면 3, 4개월 뒤에 수
명을 다하고 죽는다. 그들이 죽어가는 수는 1초에 약 800만 개라 한다. 죽
은 혈구들을 깨끗하게 정화작업하는 곳은 간이다.

　　적혈구와 임파구는 모두 골수에서 만들어진다. 그러나 임파구 가운데

일부는 골수에서 생겨난 다음 가슴 샘으로 가서 거기서 T임파구라 부르는 특전용사가 된다. 임파구들은 혈관이나 또 그들만이 다니는 임파관을 따라 온몸을 이동한다. 인체 여기저기에는 임파절이 수없이 흩어져 있다. 병원균이나 암세포를 파괴하는 항체라는 것도 이 임파절에서 B임파구가 만들어낸다. 앞의 그림은 임파구가 만들어지는 장소와 그 종류를 나타내고 있다.

임파구는 종류에 따라 공격 전략이 다르다

인체는 건강할 때라도 늘 일정한 수의 방어군(백혈구)을 유지하고 있다. 평상시 백혈구는 적혈구에 비해 그 수가 훨씬 적어 700분의 1 정도에 불과하다. 그러나 세균이 감염되어 군대가 많이 필요할 때면 1시간 이내에 평소보다 2배나 많은 백혈구가 나타난다. 이러한 것도 인체면역기구의 놀라운 능력이다.

현재까지 임파구는 여러 가지가 알려져 있으나 그들에 대한 자세한 것은 아직도 연구단계에 있다. 임파구는 크게 T임파구(또는 T세포)와 B임파구로 구분할 수 있으며, 각 임파구에 소속된 각종 임파구들의 성질을 간단히 소개한다.

* T임파구(T lymphocyte) - 골수에서 형성되어 가슴샘에서 T세포로 된다. T세포에는 킬러T세포, 헬퍼T세포, 세프레서T세포, 기억T세포

등이 있다.

＊B임파구(B lymphocyte) - 골수에서 만들어지며, B세포, 식세포(일명 마크로파지), 과립구(顆粒球), 기억B세포 등이 있다.

＊킬러T세포(killer T cell) - 몸안으로 침입하는 세균이나 바이러스는 애초부터 그 표면에 낯선 단백질이 붙어 있다. 이런 세균이 세포 안으로 침범하면 건강하던 세포의 세포막에 못 보던 단백질이 생긴다. 그리고 암을 만드는 세포의 세포막에도 낯선 단백질이 나타난다.

킬러T세포는 그러한 이질적인 단백질을 발견하면 3가지 일을 당장 시작한다. 첫째는 침입자가 들어왔다는 사실을 사방에 있는 동료 임파구들에게 알리는 봉화불 같은 물질을 분비하여, 다른 임파구들도 공격을 개시하도록 신호하는 일이다.

두 번째는 스스로 세포분열을 시작하여 신병(新兵)을 삽시간에 증원하면서 적군을 공격토록 하는 것이다. 이렇게 빨리 증원하지 않으면 고속으로 분열하는 세균을 이길 수가 없다.

그리고 세 번째는 림포카인(lymphokine)이라는 물질을 분비하여 세균이든, 바이러스이든, 암세포이든 그러한 침입자를 분해하여 소멸시키는 것이다.

세균이 이미 침범해버린 인체세포에 림포카인이 작용하면 인체세포도 세균과 함께 죽어 버린다. 킬러T세포는 네처럴 킬러세포, 또는 단순히 킬러세포라 부르기도 한다.

＊헬퍼T세포(helper T cell) - 킬러T세포와 B세포, 또는 마크로파지 등

의 면역세포들이 활발하게 움직이도록 돕는 물질을 분비한다.

* 서프레서T세포(suppressor T cell) - '억제T세포'라고도 하는 이 임파구는 킬러T세포 등의 작용을 억제하는 물질을 내는 세포이다. 세균(또는 암)과의 전쟁이 끝나게 되면, 스프레서세포는 더 이상 전투를 계속할 필요가 없다고 판단하여 진정작용을 하게 된다.

* 기억T세포(memory T cell) - 우리 몸은 과거에 침입한 경력이 있는 세균을 기억하는 능력도 가지고 있다. 그 일을 하는 것이 기억T세포이다. 킬러T세포의 일부가 남아서 이런 역할을 한다. 기억T세포는 과거에 한번 들어온 병균이 다시 들어오면 쉽게 파괴시키는 능력을 가지고 있다.

* B세포(B lymphocyte) - 이 임파구도 3가지 중요한 기능을 가지고 있다. 첫째는 이것 역시 외부 침입자를 발견하는 일이고, 두 번째는 적군이 들어온 것을 확인한 순간부터 스스로 세포분열을 시작하여 신병을 늘이는 것이다. 이러한 적 발견과 증원 기능은 T세포와 같다 하겠다.

B세포의 특징은 세 번째 기능에 있다. T세포는 항체(antibody)라는 것을 만든다. 항체는 단백질로 된 물질로서 모양이 Y자처럼 생겼다. 이 항체는 세균의 세포막 표면에 가득 돋아 있던 낯선 단백질을 발견하면 그것에 달려들어 세균이 더 이상 활동하지 못하도록 꽁꽁 얽어버린다. 이렇게 결박된 병균은 마크로파지가 다가와 마치 아메바처럼 삼켜버린다.

* 식세포(phagocyte 또는 mactophage) - 이것은 병원균이나 바이러스를 만나거나, 또는 병균이 감염된 세포 또는 암세포를 발견하면, 굶주린 사자처럼 달려들어 한입에 감싸서 분해하는 세포이다. 이 식세포는 낯선 물질을 분해하는 효소를 분비하는 것으로 알려져 있다. 식세포는 적을 발견하여 잡아먹고 나면 자신도 함께 장렬하게 전사한다. 그것이 쌓인 것이 고름이다. 고름에는 죽은 세균과 식세포 그리고 죽은 세포 등의 잔해가 들어 있다.

* 과립구(顆粒球) - 몸 안에 이물이 침입한 것을 탐지하는 것에는 앞에서 말한 킬러T세포와 식세포 그리고 과립구가 있다. 과립구와 식세포는 혈액 중에 항상 들어 있다. 병원균이나 이물질을 발견한 식세포는 바로 달려들어 삼키려 하고, 과립구는 분해효소를 내어 이물(異物)을 녹이려고 한다. 세균이나 암세포가 죽어서 생긴 쓰레기는 소변으로 배출된다.

* 기억B세포(memory B cell) - B임파구 일부는 기억T세포와 마찬가지로 과거의 세균을 기억하는 능력을 가졌다. 만일 언젠가 침범한 적이 있는 병원체가 다시 들어오면, 과거의 기억을 되살려 그것을 퇴치할 항체를 잠깐 사이에 대량 생산하여 즉석에서 퇴각시켜버리도록 한다.

피부의 종기 이야기를 잠깐 하자. 종기는 세균과 격전이 벌어지고 있는 최전방 지역이다. 피부 세포에 침입한 세균은 독소를 낸다. 세균의 독물로부터 공격을 당한 세포는 즉시 군사령부에 이 사실을 알리기 위해 염증물질(inflamatory substance)을 분비하여 주변의 혈관 속으로 보낸다.

염증물질로부터 자극을 받은 혈관은 백혈구를 포함한 혈액이 잘 흘러가도록 폭이 넓어지는 동시에 느슨해진다. 이때 종기 자리는 붉게 물들고 열이 나면서 부풀어 오른다. 염증물질은 근처의 신경에도 작용하여 감각을 둔화시킨다. 덕분에 종기는 아픔을 적게 느낀다. 만일 염증 자리의 신경들이 평소처럼 민감하게 감각을 느낀다면, 곪고 있는 종기는 아파서 견디기 어려울 것이다.

종기 자리로 몰려온 혈액 속에는 과립구, 식세포와 함께 항체가 대량 섞여 있다. 식세포는 세균을 직접 잡아먹고, 과립구는 세균을 분해한다. 그리고 항체는 세균 표면의 단백질에 결합한 다음, 세균의 세포막 속으로도 뚫고 들어간다. 항체가 세균 몸속으로 침투하면 세균은 풍선처럼 부풀어 오른다. 세균 안으로 수분이 몰려 들어간 때문이다. 이윽고 너무 불룩해진 세균은 세포막이 찢어지면서 최후를 맞게 된다.

이렇게 놀라운 면역작용을 암세포에 대해서도 하는 것이 우리 몸이다. 그러나 면역기능에 이상이 생기거나 하면 암을 비롯하여 온갖 종류의 질병에 무기력해지는 것이다.

이상에서 오늘날 알려진 임파구의 몇 가지 종류에 대한 특성을 상징적으로 알아보았다. 여기서 항체라는 것에 대해 조금 더 말할 필요가 있게 다. 항체는 '면역 글로불린'이라는 특별한 단백질로 만들어진다. 이 항체는 B임파구가 생산한다.

B임파구는 세균(이물질)의 종류가 다르면 항체의 단백질 구성도 각기

다르게 제조하는 능력을 가지고 있다. 앞에서도 말했지만 항체는 Y자를 닮은 구조를 가지고 있으며, 이물질이나 바이러스 또는 암세포의 단백질에 늘어붙어 식세포가 잡아먹도록 하거나, 세균 몸속으로 파고 들어가 터져 죽게 하거나 하는 역할을 한다.

그런데 이렇게 용감하게 싸우는 용감하게 싸우는 면역세포들도 인체가 지나치게 스트레스를 받으면 그 기동력과 활력이 형편없이 둔해지는 것으로 알려져 있다.

예방주사는 인위적으로 만든 기억세포이다

B임파구가 하는 일 가운데 아주 멋진 기능은 B임파구 일부가 '기억세포'로 변하는 것이다. 이 기억세포는 과거에 침입했던 적을 만드는 즉시 과거를 되살려 바로 공격하는 능력을 가지고 있다. 이들은 언제라도 동일한 세균이 침입하면 당장 전에 만들어본 경험이 있는 항체를 대량 생산하여 그들을 순식간에 퇴치한다. 만일 이런 기억 세포가 없다면 인체는 여러 날 걸려야 바이러스나 세균을 퇴치할 항체를 충분히 생산하게 된다.

"천연두에 한번 걸리면 일생 다시 걸리지 않는다."는 말을 옛사람들은 해왔다(오늘날에는 천연두균이 사라져 백신주사인 우두를 맞지 않게 되었다). 어린이들은 자라는 동안 백일해, 풍진, BCG, 뇌염, 독감 등의 여러 가지 예방주사를 맞는다. 몸에 들어온 병균이나 이물질을 면역학에서 항원(抗原)이라 부르는데, 예방주사의 성분을 병균을 죽이는 물질이 아니라 병균 그 자체이다. 예를 들어 뇌염예방주사를 맞는다면 그 주사액에는 살아있는 바이러스 아니라 바이러스의 단백질만 들어 있다.

죽은(또는 약화시킨) 병균이라도 그것이 인체에 들어오면 B임파구는 그것을 퇴치할 항체를 대량 만든다. 항원(병균 종류)이 다르면 항체도 각기 다른 모습으로 제조한다. 이처럼 어떤 특정한 항원을 기억하고 있는 세포가 늘 몸에 있으면, 언제라도 같은 항원이 들어왔을 때 즉시 그를 퇴치할 수 있게 된다. 우리 몸이 경험을 통해 준비하게 되는 이런 면역체계를 '획득면역체계'라 한다.

앞에서 임파구 이름 앞에 달린 T자는 그것이 가슴샘(Thymus)에서 만들어지기 때문에 붙은 것이고, B자는 골수의 파브리치우스낭(Bursa of Fabricius)에서 생성된다는 뜻이다. 인체의 임파구는 7할이 T세포, 2할은 B세포, 나머지가 킬러세포(NK세포)라고 한다.

거부반응은 면역작용 때문에 일어난다

이러한 면역력은 인체의 심리적 요인이라든가 잘못된 식생활, 피로 그리고 노화(老化) 등에 의해 그 힘을 잃는다. 만일 그러한 원인으로 면역력이 줄어들게 되면 병원균으로부터 위협을 받게 된다. 그러나 체내 면역기능의 활동이 강력하다면 병균과 암세포를 격퇴하고 그 증식을 미리 막아 발병하지 않도록 할 수 있을 것이다. 나아가 혹시 암이 발병하더라도 자신의 면역력이 높으면 암세포 증식을 저지하여 암세포가 정상세포와 공존하지 못하도록 할 것이다.

아이러니컬하게도 질병에 대한 면역작용에서는 이처럼 중요한 킬러 세포이지만, 환자의 생사를 좌우하는 장기이식에서는 다른 사람의 조직을 받아들이지 않아 장기이식을 불가능하게 만들고 만다. 예를 들어 다른 사람의 몸에서 떼어낸 장기라든가 피부를 이식받으면, 그것은 거의 절대적으로 자리를 잡지 못한다. 그것은 우리 몸의 면역기구가 이식된 남의 세포조차 이질적인 존재로 판단하여 죽이는 거부반응(또는 거절반응)을 일으키기 때문이다.

장기이식 수술이 어려운 것은 이 거부반응이 반드시 일어나는 탓이다. 거부반응은 장기이식을 받아야 할 사람에게는 대단히 유감스러운 현상이지만, 정상적인 사람에게는 대단히 유감스러운 현상이지만, 정상적인 사람에게는 없어서는 안 될 생명 방어수단인 것이다.

앞에서 T임파구의 역할이 어떤지에 대해 알아보았다. 그런데 우리가 에이즈 바이러스를 가장 치명적인 두려운 병원균으로 생각하는 것은, 에이즈바이러스라는 것이 유별나게 T임파구에만 기생하기 때문이다. 바이러스가 T임파구에 침입하여 그들을 죽인다면 인체는 다른 병원균에 대처할 면역력을 갖지 못하게 될 것이다. 그래서 에이즈는 '후천성면역결핍증'이라는 긴 병명을 얻게 되었다.

T세포가 없으면 다른 병원균에 대한 면역력이 떨어져 끊임없이 온갖 병에 걸리게 된다. 에이즈 바이러스를 퇴치하려면 에이즈 바이러스만 골라서 죽이는 항체를 외부에서 넣어주어야 할 것이다. 오늘날 에이즈를 연

구하는 과학자들은 바로 에이즈 바이러스를 파괴하는 항체를 개발하는데 열중하고 있다. 신비롭게도 에이즈에 감염되었더라도 발병하지 않고 정상적인 생활을 하는 사람이 드물게 있다.

암도 면역요법으로 극복해야 한다

몸 안의 면역에 관계하는 세포들이 암조직까지 낯선 물질로 취급하는 것은 정말 다행한 일이다. 건강하던 세포가 바이러스에 감염되면 그 세포막에 전에 없던 이상한 단백질이 생겨난다. 이와 마찬가지로 암세포도 이런 이상한 단백질을 발견하면 세균을 공격할 때와 같은 방법으로 암세포를 퇴치하기 시작한다.

인체의 이런 면역작용이 얼마나 철저한지 알고 나면, 암환자가 기대할 수 있는 가장 이상적이고 강력한 지원군(支援軍)은 역시 면역기구라는 것을 인정하게 될 것이다. 암세포에 대한 면역기구의 작용을 자세히 알게 된 것은 아주 최근의 일이라 해도 좋을 것이다. 면역요법으로 암을 치료하는 길을 개척한 한 과학자의 이야기를 잠깐 소개한다.

지난날 의학자들은 암세포란 인간의 면역기구로 치료할 수 없을 것이라고 생각했다. 왜냐하면 암세포는 외부에서 들어온 바이러스 같은 이물질이 아니라, 몸 자체의 자기세포가 변신한 것이기 때문에, 면역기구가 암세포를 낯선 존재로 여기지 않을 것이라고 생각했던 것이다.

그러나 인체면역학 연구에서 세계 제1인자인 외과의사 스티븐 로젠버

그(StevenRogenberg) 박사가 이런 고정관념을 깨뜨렸다. 그는 인체의 면역기구는 암세포까지도 이단자로 구분하여 공격한다는 사실을 최초로 밝힌 과학자이다.

면역세포들이 바이러스나 암세포를 발견하여 그것이 증식하지 못하게 억제하고 또 파괴하려면, 일차적으로 그것이 외부 침입자라는 것을 구분해서 인식할 수 있어야 할 것이다. 일반적으로 바이러스가 몸에 들어오면 바이러스의 표면 분자상태가 낯설기 때문에 백혈구가 이를 당장 구별한다.

1968년 여름, 보스턴의 피트밴트 브링햄병원에서 레지던트로 근무하던 의사 스티브 로젠버그에게 제임즈 디안젤로라는 환자가 갑작스런 복통으로 실려 왔다. 응급처치로 그 환자의 복통은 멎었다. 그러나 로젠버그 박사의 관심을 끈 것은 그 환자의 과거 병력 기록카드였다.

거기에는 그가 12년 전에 위장에 생긴 커다란 혹을 잘라내는 수술을 받았으며, 그 외에도 간에 작은 종양이 3개 있고, 임파절에까지 전이된 암이 있어 어떻게 손을 쓸 수 없다는 내용이 적혀 있었다. 또한 앞으로 몇 개월 더 살기 어렵다는 기록도 덧붙여 있었다.

그러나 이 환자는 그런 진단을 받고 나서 5개월 만에 예상을 완전히 벗어나 체중이 9kg나 늘면서 정상적인 사회생활을 할 만큼 건강을 회복했던 것이다. 이렇게 소위 사형선고까지 받은 사람이 기적적으로 암에서 회복되어 건강인으로 돌아오는 경우는 지금도 우리 주변에서 가끔 발생하고 있다.

로젠버그는 이 환자를 알고 나서 한 가설을 생각했다. "체내에는 본래

스티븐 로젠버그 박사. 흑색종환자는 2년 이상 살기 어렵다. 인터로이킨 치료가 상당한 치료 효과를 보이고 있다('라이프'지에서).

자신을 방어하는 메커니즘이 있어 이것이 암세포를 파괴했을지 모른다." 이런 가정 하에서 시작한 그의 연구는 임파구에 대해 집중적으로 파고들 게 되었다.

약 10년 뒤인 1976년, 로젠버그 박사는 반가운 뉴스를 들었다. 그것 은 외부로부터 침입한 물질을 잡아먹는 임파구를 활성화시키는 '인터로이 킨-2'(interleukin-2)라는 물질(단백질류)이 인체 내에서 발견되었다는 것이 다. 이런 사실을 알고 난 박사는 더욱 열심히 연구하여 이번에는 그 자신 이 식물에서 추출한 펩티드(peptide)라는 물질도 임파구 기능을 강화시킨 다는 것을 발견하게 되었다. 박사는 결국 "인터로이킨(IL-2)와 펩티드로 활

성화한 백혈구를 대량 투여하면, 인간의 면역계는 정상세포와 암세포를
식별하여 모든 암세포를 격퇴시킬 가능성이 있다"는 결론에 이르렀다.

1985년에는 면역학자 볼 스파이스가 인터로이킨-2를 사용해 쥐의 임
파구를 증식시킨 뒤 이 임파구를 쥐의 몸에 주사하여 암세포를 없애는데
성공했다. 로젠버그는 인터로이킨과 펩티드를 동시에 투여하여 종양이
어떻게 되는지 조사해보았다. 그 결과 쥐의 종양이 더욱 완벽하게 없어진
다는 것을 밝히게 되어, 인체에 '암에 대항하는 면역작용이 있다'는 사실
을 명확히 증명했다.

1991년에는 임파구 중의 T세포가 암세포를 이단자로 취급하여 식별
해내는 역할을 한다는 사실이 밝혀졌다. 이렇게 하여 그의 연구는 확실해
졌다. 펩티드는 T세포의 기능을 강화하여 암세포를 잘 찾아내도록 하고,

로젠버그 박사가 사용하는 펩티드 백신. 이 항암백신은 암을 직접 공격하는 것이 아니라 인
체의 면역력을 강화시켜준다.

인터로이킨-2는 킬러세포의 기능을 활성화하여 암세포를 잘 죽이는 것이었다. 로젠버그 박사는 1974년 34세 때 세계 최대 암연구소인 미국국립 암센터 외과과장이 되어, 이후 인터로이킨-2와 펩티드로 여러 환자를 치료하는데 성공했다. 예를 들어 '피부흑색종'이라는 암환자와 방광암 환자는 대부분이 2년 이상 살기 어렵다. 그러나 그가 개발한 방법으로 치료받은 사람은 8%가 완치되고, 17%는 5년 이상 살았다.

그러면 인터로이킨-2는 면역치료제이기 때문에 다른 정상세포에 부작용을 일으키지 않는가? 그렇지는 않다. 인터로이킨-2 주사도 양이 많으면 부작용이 나타난다. 혈압이 떨어지고 열이 나며, 한기가 들고, 두통과 메스꺼움이 따른다. 그러나 이런 부작용은 화학치료제라든가 방사선치료의 부작용에 비하면 아주 가벼운 것이다.

면역활성제가 암과 에이즈 치료의 미래를 연다

면역요법이란 환자의 킬러세포라든가 T세포와 같은 면역세포를 양적으로 늘이고 동시에 그 힘을 강화시켜 암과 다른 병을 치료하는 것이다. 이러한 면역요법의 효과가 알려지면서부터 각종 식품과 버섯 등으로부터 여러 가지 면역강화 약이 개발되기 시작했다. 생체의 면역력을 증진시켜 항암효과를 높이는 물질을 전문가들은 BRM(Biological Response Modifier)이라 부르며, 이런 물질을 이용한 면역요법을 BRM요법이라 한다.

버섯이라든가 해초 또는 어떤 식물에 포함된 면역강화제를 이용하면 부작용이 적거나 전혀 없다. 이런 면역요법제는 세포를 직접 공격하는 것이 아니라 인체 면역기구의 기능을 높여서 암을 퇴치토록 간접적으로 작용하기 때문이다. 지금까지 자연에서 얻은 대표적인 면역력 강화제는 버섯에서 추출한 크레스틴, 렌티난, 시조필란 등이다.

이런 면역강화제는 암뿐만 아니라 면역력이 필요한 다른 병에도 같은 효력을 내는 것이 당연하다. 예를 들면 에이즈바이러스에 대해서도 면역력을 강화하여 바이러스를 죽이거나, 아니면 바이러스의 활동을 억제하여 병세가 악화되는 것을 막아줄 수 있는 것이다.

나아가 지금까지 그 원인이 잘 알려지지 않은 알레르기에 의한 아토피성 피부염이라든가 천식 외에 여러 가지 알레르기 증상에 대해 효과를 얻을 수 있을 것이다. 알레르기는 인체에 들어온 이물질에 대한 면역반응이 너무 과도하게 나타나는 과민반응으로 일어나는 현상이다. 알레르기를 일으키는 물질을 '앨러젠'이라 부른다.

문명병(文明病)이 된 알레르기 증상들

주변에는 알레르기 환자가 의외로 많다. 이유를 모르게 눈물이 흐르고 콧물이 나며 연달아 재채기가 터져나온다. 피부에 발진이 생겨 견딜 수 없도록 가렵거나 두드러기가 나온다. 또 참을 수 없는 기침으로, 눈물 콧물이 흐를 때는 코 막힘 때문에 숨조차 못 쉬는 고통이 따른다.

이런 알레르기를 일으키는 요인(앨러젠 allergen)으로는 꽃가루와 공장의 분진(粉塵) 같은 집 바깥의 환경도 있지만, 집안에도 날리는 먼지 속에 여러 원인이 있다. 옷이나 커튼, 카펫, 집안의 벽 등에서 떨어지는 먼지, 사람 피부에서 떨어지는 죽은 세포, 애완동물 털이나 깃털에서 생겨난 가루(dander), 그리고 먼지 크기의 곤충인 진드기 등이 있다. 또 사람에 따라서는 어떤 특정 음식이나 식품첨가물을 먹었을 때 알레르기 반응을 나타내기도 한다. 실내 앨러젠으로는 이들 외에 곰팡이와 바퀴벌레 배설물 등도 알려져 있다.

평소 알레르기 증상이 없는 사람도 부패한 음식을 먹거나 하면 즉시 두드러기가 나고 토사를 하며 증상을 보인다. 이것은 몸에 들어온 이물질을 퇴치하는 반응의 결과이다. 그렇게 볼 때 알레르기 증상이란 인체가 자기방어를 잘 하고 있음을 나타내는 중요한 현상이기도 하다.

대개의 사람은 이런 앨러젠이 주변에 있다 해도 별다른 증상을 보이지 않는다. 그러나 면역력이 약한 사람들은 쉽게 알레르기 증상이 나타나 고통을 당한다. 외부로부터 체내로 들어온 이들 낯선 물질을 인체는 마치 세균이 침입한 것처럼 알고 대처한다. 그런데 면역력이 부족한 사람은 거부반응이 너무 심하게 나타나 고통이 따르는 증상이 되는 것이다.

알레르기를 피하는 방법은 앨러젠에 노출되지 않는 것이다. 그러나 우리 생활이 그럴 수는 없다. 알레르기 증상이 심한 환자는 환경을 늘 깨끗이 해야 하고, 심한 경우 알레르기가 발생하는 일정한 계절 동안 다른 지방에 가서 지내거나 마치 우주복 같은 헬멧을 쓰고 살기도 한다.

원시적인 주거환경에서 살던 과거시절에는 알레르기 환자가 지금처럼 흔치 않았다. 그러나 지금의 우리 주변은 온통 인공적으로 합성된 화학물질과 대기오염물질로 가득하여 그것들이 앨러젠이 되기도 하는 것이다. 그래서 오늘날의 알레르기는 문명병의 하나라고 말하고 있다.

특히 조심해야 할 앨러젠으로 진드기가 있다. 현미경으로 보아야 겨우 이게 곤충이구나 하고 알 정도로 작은 진드기는 그 자체도 작지만, 더 작은 배설물이 집안에 날리도록 하고 있다. 진드기가 사는 곳은 카펫, 커튼, 침대, 베개 등 없는 곳이 없다. 진공청소기로 빨아들여도 이런 작은 먼지는 필터를 빠져 나가버려 소용이 없다. 그래서 실내 공기를 강제로 순환시키면서 공기 중의 먼지를 정전기로 흡입하여 제거하는 공기청정기를 설치하기도 한다.

면역력은 알레르기도 없애준다

알레르기 원인 중에는 앨러젠이 아닌 심리적 스트레스도 관여하는 것으로 알려져 있다.불안과 공포, 불만, 심리적 억압, 열등감 같은 스트레스가 내분비계에 이상을 일으키게 되면 알레르기 증상을 나타낼 수도 있다는 주장이 나와 있는 것이다.

대도시에는 알레르기성 비염환자가 시골보다 4배나 많이 나타나고 있다. 또 알레르기성 천식환자도 도시가 훨씬 심하다. 알레르기성 결막염과 알레르기성 비염은 동시에 나타나는데, 이런 알레르기성 비염이 어떤 특정 계절에만 나타난다면 그 원인이 그 계절에 흩날리는 꽃가루가 원인이기 쉽다. 그러나 연중 증상이 계속된다면 이것은 진드기나 집먼지, 음식물이나 특별한 약물이 원인일 가능성이 많다.

어떤 사람은 특정한 화장품을 발랐을 때나 머리염색을 했을 때, 또는 헤어스프레이가 눈에 들어갔을 때 눈 알레르기 증상을 나타낸다. 아토피성 피부염이라는 것은 유아기부터 발생하는 고질적 증상인데 이것 역시 알레르기 증상인 경우가 많다.

알레르기를 치료하고 완화시키는 치료법과 약물은 여러 가지 알려져 있지만, 치료가 어렵고 재발하기 쉽다는 것, 부작용이 따른다는 것 등이 문제이다. 알레르기를 면하려면 그 원인 앨러젠을 피해야 한다. 그러나 우리의 복잡한 생활방식은 그것을 불가능하게 한다. 그러므로 자신의 면역력을 강화하는 것이 이상적인 방법이다. 아가리쿠스버섯차를 먹는 단순한 방법으로 이런 고질 증세가 완치되거나 완화된 사례가 많이 알려지고 있다. 버섯에 면역력을 강화시켜주는 미지의 물질에 기대를 가지고 자신의 증상 치료 수단으로 버섯을 먹어 볼 충분한 이유가 있는 것이다.

암을 예방하는 12가지 법칙

1799년 제너가 천연두 백신을 만들면서 시작된 면역학은 그 동안 비약적으로 발전해 왔다. 우리가 평소 건강을 지키고 또 나쁜 세균성 병의 감염으로부터 잘 지키려면 자신의 면역체계를 항시 강하게 유지하는 것 이상으로 좋은 방법이 없을 것이다.

오늘날 암병동의 의사들은 다음과 같은 12가지 암 예방법을 말해주고 있다. 이것은 세계의 암전문가들이 오랜 연구를 통해 결론을 내린 '암 예방 법칙'과도 같은 것이다.

1. 균형 잡힌 식사를 하라.

2. 스트레스가 쌓이지 않도록 매일 변화 있는 생활을 하라.

3. 과식을 피하고 지방을 적게 먹자.

4. 술은 정도껏 마시자.

5. 담배를 피우지 말자.

6. 녹황색 야채를 많이 먹어 비타민과 섬유질(纖維質)을 충분히 섭취하자.

7. 짠 음식을 적게 먹고, 뜨거운 것은 식혀 먹자.

8. 육류나 생선이 검게 탄 부분은 되도록 먹지 말자.

9. 곰팡이가 핀 음식을 조심하자.

10. 햇볕을 심하게 쬐지 말자.

11. 적당하게 늘 운동하자.

12. 신체를 항상 청결하게 하자.

완벽한 암 예방책이란 없다. 위의 12가지 사항에 주의하도록 노력한다면 건강한 가운데 유쾌하게 매일을 살아갈 것이다.

제8장

암 치료법은 언제 완전 성공할 것인가

암으로 고통 받고 있는 환자나 가족에게 희망을 주는 새로운 치료
법이나 치료약에 대한 뉴스가 거의 매일 신문방송을 통해 소개되고
있다. 그러나 암을 치료하는 길을 아직도 요원하기만 하다.

세계의 암환자를 흥분시킨 혈관형성 억제물질

1998년 5월 초, '뉴욕타임스'지는 모든 암환자의 기대를 모으게 하는 뉴스를 실었다. 미국 보스턴에 있는 하버드의과대학 부설 아동병원의 주다 포크먼(Judah Folkman) 박사가 암세포의 혈관형성을 억제하는 강력한 두 가지 물질을 발견했다고 발표한 것이다. 그는 이 물질을 쥐의 암에서 실험한 결과 완벽하게 암을 없애는데 성공했다는 것이다. 이 소식은 전 세계 암환자들에게 언제보다도 큰 희망을 주어, 모두가 자기가 먼저 그 약을 써서 치료받을 수 있기를 바랐다.

당시 뉴스 끝에는 "2년 이내에 이 약으로 암을 치료할 수 있다"는 말까지 덧붙여 있었다. 이러한 보도는 세계의 모든 신문과 방송이 다시 대대적

암세포 혈관형성억제물질 개발의 선구자인 주다 포크먼 박사.

으로 보도하도록 만들었고, 인터넷과 전화통화까지 한동안 온통 이 이야기로 가득했다. 또한 암환자와 그 가족들은 당장 문제의 약제를 치료제로 쓰게 하라고 요란하게 시위까지 하고 나섰다. 그들의 요구는 오래 걸리는 임상실험을 할 것 없이 바로 치료제로 써달라는 것이었다. 그러나 아무리 그렇더라도 의약품은 확실한 임상실험 없이 함부로 보급할 수는 없다.

포크먼 박사가 찾아낸 혈관형성억제물질은 인체 내에 자연히 생겨나는 단백질 종류인 플라스미노겐과 콜라겐-18에서 분리해낸 앤지오스태틴(Angiostatin)과 엔도스태틴(Endostatin)이라는 두 물질이었다. 앤지오스태틴은 암세포에 혈관이 형성되는 것을 억제하는 효과가 있었고, 엔도스태틴은 암이 전이되는 것을 막는 작용을 하는 것으로 알려졌다.

암세포도 혈관을 통해 영양을 공급받지 못하면 자라지 않는다(제6장 참조). 그렇다면 암세포에 연결된 혈관을 없애버릴 수만 있다면 종양은 그대로 굶주려 죽고 말 것이다.

실험에서 두 가지 물질을 섞어 쥐 암에 실험한 결과, 아무리 큰 암덩어리라도 재발할 가능성조차 없을 만큼 완전히 사라졌다고 했다. 이러한 보도는 사실 놀라지 않을 수 없는 소식이다. '뉴욕타임스' 기사를 본 다른 언론들은 '암 치료 신기원', '모든 암 완전박멸 성공'이라며 더욱 흥분하여 보도하기도 했다.

이런 식으로 뉴스가 나오자 당황한 사람은 이 연구의 주인공 포크만 박사와 그의 동료들이었다. 왜냐하면 그의 연구결과는 이미 몇 달 전에 다른 과학 잡지에 소개되었으며, 그들의 실험은 인체가 아니라 단지 쥐를

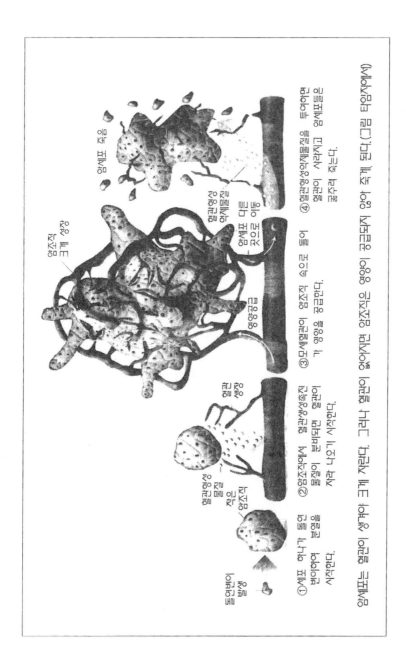

(그림 20) 태아에서 모세혈관이 영양소를 섭취하여 생장하는 과정은 다음과 같다. 모세혈관의 영양 섭취는 매우 중요하다. 그리고 세포 안에서 영양소를 섭취하여 생장하는 모세혈관은

① 세포 하나가 줄어

② 암조직에서 혈관생성촉진
물질이 분비되어 혈관
벽으로 나가기 시작한다.

③ 모세혈관이 생장 정을 따라
서 암조직 속으로 들어가

④ 혈관생성이 암조직으로 들어가
면서 여러 개의 모세혈관들을
거느린다.

기존 혈관

새로 생긴
모세혈관

암조직이 내는
혈관 생성
촉진 물질

용해 효소

크로 모이는
물질

암세포
종양

암세포
종양

대상으로 한 것이었기 때문이다.

포크먼 박사는 암세포 혈관형성억제물질에 대한 연구 분야에서 선구적인 과학자이지만, 평소 기자와 접촉하는 것을 꺼려하고 사진조차 찍히는 것을 피해온 분이었다.

아무튼 화제의 포크먼 박사는 두 가지 물질을 가지고 지난 4년 동안 쥐를 대상으로 여러 종류의 암을 치료하는 실험 끝에 모두 완전히 제거하는 효과를 거둔 것이다. 그의 실험에서는 아무런 부작용도 나타나지 않았다. 그러나 포크먼 박사의 연구는 사람이 아닌 쥐를 대상으로 이루어진 결과이기에 인체 임상실험을 장기간 해보기 전에는 낙관하기 어려운 것이다.

당시 미국국립암센터의 리처드 클로스너 소장은 이렇게 말했다. "지금까지의 암 연구 역사는 인간의 암이라기보다 쥐의 암 연구 역사였다. 지난 수십 년간 우리는 쥐의 암을 치료하는 데는 많이 성공했지만, 인체에서는 쉽게 성공치 못했다."

한편 이런 보도도 나오고 있었다. "두 약이 암 치료약으로 입증되어 시장에 나오기까지는 앞으로 10년은 더 연구해야 하고, 그 동안에 4억 달러 이상의 연구비가 소요될 것이다."

앤지오스태틴에 대한 뉴스가 세상에 알려지고 바로 며칠 뒤, 우리나라 국립보건원에서도 혈관형성 억제물질(그린스태틴)에 대한 실험에 착수한다는 보도가 나왔다. 그 제조법이 앤도스태틴보다 쉬우면서 효능이 뒤지지 않는다고 했다.

항암제야말로 의약학 발전에서 개발경쟁이 가장 치열한 약품이 아닐 수 없다. 오늘날 생명과학 벤처사업의 큰 부분이 항암제를 찾는데 있다. 신문방송 보도는 언제나 앞서가고 있는 경우가 많다. 그것도 지나치게. 꿈의 항암제 뉴스가 나온 지 5년이 지났지만 어디서도 그 뒷소식은 조용하다. 암의 완전 퇴치는 아직도 끝이 보이지 않는 곳에 멀리 있다.

쥐의 암을 저지하는 물질은 이미 300가지나 발견

오늘날 의사들이 인간의 암 치료에 활용하는 화학제 종류는 100여 가지나 된다. 이들은 거의가 암세포의 핵속에서 DNA(핵산)가 합성되는 것을

암 연구용 실험동물로는 쥐가 많이 쓰인다. 암실험에 시간이 오래 걸리면 곤란하다. 쥐의 경우 피부 아래에 암세포를 접종하면 종양은 하룻밤 사이에 달라질 만큼 빨리 자란다. 실제로 쥐의 암은 사람 경우보다 10~100배 빨리 자란다. 실제로 쥐의 암은 사람 경우보다 10~100배 빨리 자란다. 실험쥐를 공급하는 메인주 바하버에 있는 잭슨 연구소에는 1천 700가지나 되는 다양한 쥐를 키우면서 매년 200만 마리나 실험용으로 전 세계 연구소에 공급하고 있다.

억제함으로써 암이 증식치 못하게 하는 성질을 가지고 있다. 그러나 이런 항암 치료 화학제는 암세포만 골라서 증식을 억제하는 선택적 작용을 하지 못한다. 유감스럽게도 항암제는 위장이나 장의 표면에 있는 아주 민감한 세포를 파괴시켜 구토감, 설사, 어지러움 등의 증상이 나타나게 하고, 머리카락이 자라나오는 모낭세포(毛囊細胞)를 죽게 만들어 머리카락이 빠지게 한다. 또한 혈액을 생산하는 세포에 심각한 지장을 주어 혈액부족으로 피부색이 변하도록 만든다.

오늘날 대부분의 암은 바이러스 때문에 생기는 것으로 알려져 있다. 암조직은 그 크기가 1~2mm 정도일 때는 그들이 생존하는데 영양을 공급해줄 혈관이 따로 필요치 않다. 그러나 그것이 생명을 위협할 만큼 크게 자라려면 그때는 혈관이 있어야 한다. 그렇다면 암조직에 혈관이 생겨나지 못하게 하거나, 이미 뻗어 있는 혈관을 시들게 하는 방법이 있다면 그것처럼 멋진 암퇴치법은 없을 것이다.

암세포는 멋대로 증식하는 비정상세포이지만, 암조직에 이어지는 혈관은 정상세포로 만들어진다. 그러므로 혈관세포는 암세포처럼 빨리 불어나지 않는다. 그러나 어떤 상황이 되면(혈관형성 촉진물질이 분비되면) 암조직의 혈관도 빨리 자라게 되어 암 덩어리를 확대시킨다.

포크먼 박사가 혈관형성억제물질을 찾아낸 동기는 이렇다. 일반적으로 커다란 종양이 있으면 그 주변에는 작은 암조직이 생겨나지 않는다. 그러나 큰 종양을 수술로 떼어내고 나면 재빨리 그 근처에 작은 암조직들이 발생 하거나, 갑자기 전이(轉移) 현상이 일어나거나 한다. 이를 이상하게 생각한 포크먼 박사는 "큰 암조직은 주변에 다른 암조직의 혈관이 생겨나는 것을 억제하는 물질을 분비하지 않을까?"하는 의문을 가졌다.

그가 이런 의견을 말했을 때 아무도 그의 생각에 동의하는 사람이 없었다. 다만 동료 가운데 마이클 오렐리 박사만 동감을 가져 두 사람은 공동연구를 시작했다. 드디어 그들은 플라스미노겐(plasminogen)이라는 단백질이 혈관형성을 억제한다는 것을 알게 되었다. 이 물질로 만든 약품이 각광을 받은 앤지오스태틴이다.

그런데 쥐의 암을 대상으로 한 실험에서 이 앤지오스태틴은 혈관형성을 억제하기는 하지만, 암조직에 이미 자라 있는 혈관은 사라지게 하지 못했다. 계속된 연구 끝에 다른 종류의 자연산 단백질(이것이 앤도스태틴이다)을 함께 처방하면 혈관이 모두 사라지는 놀라운 성공을 거두었다.

이제 그들이 해볼 연구 차례는 인체실험이다. 인체실험을 하자면 앤지오스태틴과 앤도스태틴을 충분히 가지고 있어야 한다. 그러나 이 물질을 실험에 필요한 양만큼 생산하기가 지금으로서는 어렵다. 그렇더라도 이 약품 제조권을 가진 제약회사인 엔트리메드사와 자매회사인 브리스톨 아이어사는 뉴스 발표 이후 주식 값이 당장 몇 배로 올랐다.

플레밍이 페니실린을 발견한 것은 1928년이다. 그러나 옥스퍼드 대학 연구진이 5인분의 페니실린을 처음으로 정제한 때는 1940년이었다. 그들은 2년간 노력하여 겨우 그만큼 생산한 것이다. 이때 생산된 소량의 페니실린은 과로에 지친 영국 처칠 수상의 폐렴을 치료하는 큰 공헌을 했다.

2차대전이 치열해져 연합군 부상자가 속출하고 있었지만 페니실린을 대량생산할 방법은 좀처럼 나오지 않았다. 당시 영국은 독일 공군으로부터 끊임없이 공습을 받고 있어 영국 내에서는 대량생산 시설조차 마련할 상황이 아니었다. 하는 수 없이 옥스퍼드의 페니실린 연구진은 미국정부와 협력하여 미국에다 생산시설을 하게 되었다. 겨우 미국에 시설을 갖추고 200명분의 피니실린을 처음 만드는데 자그마치 18개월이 걸렸다. 이래가지고는 전쟁터의 수많은 환자를 치료할 방법이 없었다.

그러나 1943년에 항생물질을 대량으로 생산하는 강력한 페니실린 종균(種菌)이 발견되는 동시에, 거대한 탱크에서 페니실린균을 배양하는 대량생산기술이 발전하면서 충분한 페니실린을 공급할 수 있게 되었다.

이와 마찬가지로 세상의 수많은 암환자를 구할 혈관형성억제물질도 경제적인 방법으로 대량 생산하려면 많은 연구와 노력이 필요하다. 암치료제는 귀하거나 고가여서는 곤란하다. 오늘의 생명공학기술은 대량생산의 날을 앞당기겠지만 쉽게 생각할 일은 아닐 것이다.

임산부에게는 탈리도마이드가 될 위험

그러면 혈관형성억제물질에 대한 연구자는 포크만 박사뿐인가? 그렇지 않다. 여러 의학자들은 이미 300여 종의 혈관형성억제물질을 개발했으며, 그중 20여 종은 이미 임상실험 중이라고 전한다. 그 가운데 타목시펜(tamoxifen)이라는 물질이 있다. 최근 타목시펜은 유방암에는 효과가 있으나 방광암을 일으킬 가능성이 있다하여 미국국립암센터는 사용을 중단하고 있다.

아마도 앞으로 암 종양이 사라지게 하는 약에 대한 뉴스는 끊이지 않을 전망이다. 모든 암조직을 확실히 소멸시키는 동시에 아무런 부작용을 가져오지 않는 항암제가 나온다면 그거야말로 꿈의 항암제가 아닐 수 없다. 그러나 지금까지 기적처럼 암을 없애는 약은 없었다.

인체는 혈관생성 촉진물질도 만들고 반대로 억제하는 물질도 생성한다. 예를 들어 우리가 상처를 입어 살점이 떨어져 나가면 그만큼 새살이 돋아나게 된다. 이런 조직 재생이 시작되면 반드시 혈관들도 생겨나야 할 것이다. 실제로 상처가 나면 때맞추어 상처 주변 세포에서 혈관 생성을 유도하는 물질을 분비한다. 그러나 상처가 완전 복구되면 그때는 더 이상 혈관을 만들지 않도록 억제물질을 분비한다. 그러나 당뇨병 환자는 이런 기능이 정상적으로 이루어지지 않는다. 당뇨 환자의 몸은 혈관형성 촉진물질을 충분히 생산하지 못하기 때문에 큰 상처를 입거나, 대수술을 받거나 하면 혈관이 빨리 생겨나지 않아 회복이 느리다. 수술 후에 상처자리에 혈관이 얼른 재생되지 않으면 위험을 당한다.

1950년대에 역사상 대단히 비극적인 약품 피해사건이 있었다. 당시 새로 태어나는 아기들 중에 많은 수가 손발 모습이 마치 바다사자처럼 짧은 기형으로 태어나고 있었다. 동일한 형태의 기형아가 세계적으로 같은 시기에 출산된다는 것은 산모들이 공통적으로 먹는 어떤 약품과 관련이 있다고 생각되었다. 그 이유는 곧 밝혀졌다. 임산부들이 임신초기에 나타나는 구역질을 피하기 위해 먹은 탈리도마이드(thalidomide)라는 약 때문이었다.

구토증을 진정하는 탈리도마이드는 모체 혈관을 따라 아기에게까지 전달되어 아기 혈관 속으로 혈액이 들어가는 것을 막아 기형이 되게 한 것이다. 당시 탈리도마이드는 유럽과 미국 그리고 일본에서 많이 사용되고 있었다. 이 사건 이후부터 임신한 산모는 출산할 때까지 어떤 약도 먹지 않도록 노력하게 되었다.

암세포를 굶주려 죽게 할 약제 개발을 앞두고 문제가 되는 것은, 혈관형성억제물질이 자칫하면 제2의 타리도마이드가 될 수 있다는 것이다. 만일 암환자가 임산부라면 혈관형성억제물질은 태아의 혈액 흐름을 막아 아기의 성장에 어떤 피해를 줄지 모르는 것이다. 또 암환자가 대수술을 받은 후에는 이 약을 쓰기 곤란하다. 왜냐하면 수술 상처를 회복시키는데 지장을 줄 것이기 때문이다.

그러면 의학자들은 왜 암 연구에 사람 대신 작은 쥐를 이용하고 있을까? 쥐는 수명이 2년 정도이고, 이들을 이용해서 실험을 하면 결과가 아주 빨리 나타난다. 예를 들어 개라면 4~7년이 걸릴 암 실험을 쥐 특히 생쥐를 쓰면 몇 주일 만에도 결과를 볼 수 있다. 그리고 실험용 쥐는 아주 싼 값으로 공급되고 있다. 인간을 대상으로는 실험 자체도 윤리적 문제가 따라 어렵기도 하지만, 더 긴 연구 기간이 소요된다.

빠른 실험결과를 얻기 위해서는 생쥐가 어떤 다른 동물보다 편리하다. 그렇지만 쥐를 대상으로 한 실험의 결정적인 결점은 쥐가 미니인간이 아니라는 것이다.

제9장

암으로부터 자신을 지키는 식생활

건강을 지켜주고 암과 성인병을 예방하는 식품이 있는 반면에 먹어
서는 안 될 건강식품도 있다.

건강한 마사이족의 보잘 것 없는 주식

먹기 위해 사는가, 살기 위해 먹는가? 먹는 거야말로 삶의 전부라 해도 좋을 것이다. 무얼 어떻게 얼마나 먹어야 건강하고 장수할 수 있는가? 사람들은 이 의문을 만족시키기 위해 온갖 건강식을 찾는다. 그러나 건강을 목적으로 먹은 음식물이 오히려 해를 불러들여 몸을 망치는 사람이 세상에 허다하다. 암에 좋다길래 무조건 먹은 것이 도리어 암을 부르는 경우가 있어서는 안 되겠다.

이 지구상에 사는 수많은 종족 중에서 가장 강인한 체력을 가진 사람을 찾으라면 아프리카의 마사이족이 제일 먼저 떠오른다. 그들은 평소 무엇을 먹기에 그토록 강인할 수 있는가? 그러나 마사이족이 주로 먹는 음식이라는 것은 옥수수죽, 우유, 들딸기, 녹색채소, 벌꿀 그리고 약간의 바나나가 전부이다. 간혹 그들은 염소와 양고기를 먹지만 소를 잡는 일은 없다. 그들은 이렇게 보잘 것 없는 음식을 먹고도 체력을 잘 유지한다. 건강한 마사이족 청년이라면 하루에 250리 길을 예사로 걸어 다니고, 창으로 사자를 잡기도 한다.

사람이 음식을 먹는 것은, 자동차에 연료를 넣듯이 인체 활동을 위해 소모되는 연료를 공급하는 것이다. 호흡하는데도 이 연료가 쓰이고, 걷고 일하고 심지어 생각하는데도 에너지가 필요하다. 자동차 엔진이 연료를 태워 에너지를 내듯이 우리가 먹은 음식도 화학적인과정을 따라 소화되고 분해되면서 에너지가 나오게 된다.

인체를 구성하는 모든 세포들은 배정된 위치와 종류에 따라 각기 다른 역할을 하고 있다. 이들 세포는 저마다 기능이 다른 것처럼 취하는 영양도 조금씩 차이가 있다. 우리는 입으로 다양한 음식을 먹지만 세포는 자기가 꼭 필요한 자양분만 취한다. 예를 들면 갑상선세포는 옥소를 필요로 하며, 이 옥소를 성분으로 조립된 호르몬을 내어 온몸에 영양분이 고르게 가도록 하는 중요한 역할을 한다.

인체의 세포는 적어도 45종류의 화합물과 원소를 원하고 있다. 이것이 소위 필수영양소이다. 이 45종의 필수 영양소는 어느 것 하나도 없거나 부족해서는 안 되는 것이다. 하나라도 모자란다면 우리는 병이 나고 심지어 죽기도 한다. 그런데 우리가 평소 먹는 음식만으로 이 모든 필수 영양소를 공급하기는 어렵다. 영양학자의 주된 일은 무얼 얼마큼 먹으면 필요한 영양소를 고루 갖춘 균형 잡힌 식사를 만들 수 있을까에 대해 연구하는 것이다.

앞에 나온 마사이족이 건강할 수 있는 것은, 그들이 먹는 빈약해 보이는 식사 속에도 필요한 영양소가 빠짐없이 다 들었기 때문일 것이다. 지난날 가난하게 살던 시절의 사람들은 충분한 양의 음식을 얻기 위해 어떻게 하느냐 하는, 양(量)의 문제가 중요했다. 그러나 굶주림에서 벗어나게 되면서 질(質)에 대해 관심을 가지게 되었다.

일반적으로 우리가 5대 영양소라고 말하면 탄수화물, 지방, 단백질, 무기질 그리고 비타민류를 말한다. 지방과 탄수화물은 인체가 필요로 하는 칼로리의 태반을 공급한다. 채소나 과일 속에 함유된 당분이나 전분과 같은 탄수화물은 체내에서 화학반응이 쉽게 일어나 최종적으로 물과 이

산화탄소로 변하면서 에너지를 내놓는다.

버터라든가 식용유와 같은 지방질은 탄수화물보다 더 많은 에너지를 가진 영양소이다. 평소 지방질이 많은 음식을 좋아하면 과체중이 되기 쉽다. 그것은 지방질이 탄수화물이나 단백질보다 거의 3배나 되는 칼로리를 가지고 있어, 우리 몸이 그것을 전부 소모하지 못하고 지방으로 저장하기 때문이다.

그리고 단백질은 지방이나 탄수화물과 달리 신체 자체의 구성과 보수에 참여하고 있다. 피부, 뼈, 근육, 신경섬유 등 인체의 각 부분은 모두 단백질로 구성되어 있다. 단백질은 분자가 대단히 큰데, 이들은 아미노산이라 부르는 작은 분자 단위가 여럿 연결된 형태를 하고 있다.

인체가 생선이나 육류, 곡식에 포함된 단백질을 먹으면 이들은 소화기관에서 분해되어 아미노산으로 분해된다. 소화기관에서는 분자가 조그마한 아미노산을 체내로 흡수하여, 이들을 다시 결합, 인체를 만드는 새로운 단백질로 만드는 것이다.

우리들은 탄수화물을 3가지 형태로 섭취한다. 전분, 당분 그리고 섬유질이 그것이다. 설탕, 포도당, 과당과 같은 당분은 몸에 들어가면 소화할 것도 없이 그대로 흡수되는 영양가 높은 식품이다. 반면에 전분은 위장에서 소화과정을 거쳐야 하고, 섬유질은 아예 인체가 소화하지 못하는 탄수화물이다.

잘 먹어도 비타민 결핍자가 생긴다

제4의 영양소인 무기질은 뼈와 이빨을 만드는 칼슘이라든가, 전신에 산소를 운반하는 적혈구의 철분 등이 이에 해당한다. 그리고 제5영양소인 비타민은 아주 소량 필요하지만, 그것이 부족하면 몸의 면역기능에도 지장이 생기며 여러 가지 치명적인 병이 나타난다. 지금은 종합 비타민 알약 몇 개를 먹으면 비타민 결핍증으로부터 간단히 벗어날 수 있게 되었지만, 과거에는 비타민 부족으로 수많은 사람이 원인도 모른 채 병들어 죽었다.

과학자들이 비타민의 존재를 알게 된 역사는 아주 짧다. 영국의 생화학자 홉킨스가 괴혈병과 구루병의 원인이 '어떤 미지의 영양소'에 있다고 주장한 것은 겨우 20세기 초의 일이다. 그는 이 연구로 1929년에 노벨상을 수상했고, 미지의 물질을 비타민이라고 부르게 된 것은 그때로부터 5년이 더 지난 뒤였다.

이렇게 볼 때, 영양학의 역사는 지극히 짧다는 것을 알 수 있다. 독자 중에는 날감자를 먹어본 분이 계실 것이다. 감자를 생으로 먹었을 때와 삶은 것을 먹었을 대 영양 면에서 어떤 차이가 있을까? 생감자의 탄수화물은 전분이라 부르는 분자가 매우 큰 형태로 되어 있다. 전분은 당분 분자가 여럿 모인 것이어서 화학에서는 다당류라고 한다. 이 전분은 씹어보아도 맛이 없을뿐더러 우리 몸에서 쉽게 소화도 되지 않는다.

생감자는 이런 전분 덩어리가 가득 쌓인 것이다. 그렇지만 감자를 삶으면 전분 입자들은 뜨거운 열에 의해 팽창되다가 끝내 파열하여 소화되기 쉬운 형태로 변한다. 이것을 먹으면 맛도 좋고, 위안에 들어가면 포도당이라는 분자로 변하여 몸에서 쉽게 흡수된다.

생쌀을 먹는 것과 밥을 지어먹는 것의 차이 또한 이와 마찬가지이다. 조리를 함으로써 탄수화물은 맛이 좋아지고 소화와 흡수가 쉬워진다. 탄수화물과는 달리 지방질은 일반적으로 상당히 소화되기 쉬우며, 조리를 해도 특별한 변화가 없다. 지나치게 삶거나 굽거나 하면 오히려 영양가만 떨어지게 된다.

단백질도 역시 조리를 해야 맛이 좋아지고 체내에서 소화도 쉬운 형태로 변한다. 육류와 같은 단백질 식품은 날 것을 먹으면 너무 단단하고 질겨 소화기관이 감당하기 어렵다. 소화액이 잘 침투하지 않아 소화 작용을 시작하기조차 힘든 것이다. 그러나 가열하면 고기는 연해져 씹기 쉬워지고 소화도 잘 되도록 변한다. 하지만 아주 짧게 썬 쇠고기라든가 날계란, 생선의 살, 굴과 같은 어개류 등은 연하여 맛도 있고 소화가 잘 된다.

이상의 3가지 영양소와는 달리 무기질과 비타민류는 조리를 할수록 그 양이 감소되거나 파괴되기 쉽다. 조리할 때 아주 나쁜 것은 물을 많이 사용하는 것이다. 예를 들어 야채를 삶으면 무기질과 비타민들이 물에 녹아 나오게 된다. 만일 조리한 뒤에 이 국물을 쏟아버린다면 중요한 무기영양소와 비타민을 내버리는 것이다. 그러므로 비타민과 무기질을 보호하는 요리법은 최소한의 물로 요리하는 것이다. 한국인의 식탁에서 그것들의 손실이 특히 많은 음식은 김칫국물이다. 이것을 모두 버린다면 그만큼 비타민과 무기질 섭취에서 손해를 보게 된다.

의사와 영양학자들은 변비를 없애고 치질과 장암을 예방하려면 평소에 식물성 섬유질이 많이 포함된 야채나 과일을 충분히 섭취해야 한다고 강조한다. 섬유질은 우리 몸에서 소화도 되지 않고 그대로 배설될 뿐인데 왜 많이 들기를 권하는 것인가?

섬유질은 물에 녹는 것과 녹지 않는 것 두 종류가 있다. 어느 것이라도 이들은 위장에서 소화가 되지 않기 때문에 그것을 과량 먹으면 대변의 양이 많아진다. 그리고 섬유질은 수분을 다량 머금을 수 있기 때문에 변을 무르게 하여 변비 없이 장을 빨리 통과하도록 해준다. 만일 대변이 장내에 오래 머물러 있어야 한다면, 소화 뒤에 생긴 독소들도 함께 장시간 남아 장암을 일으킬 위험을 높일 것이다.

식중독 세균의 독성을 조심하자

날씨가 더운 계절이 오면 식중독 사고가 자주 생겨난다. 식중독은 대부분 음식이 오래되어 그 안에 미생물들이 대량 번성한 것을 먹게 되었을 때 당하게 된다. 음식에 미생물이 가득 번성하게 되면 미생물 몸에서 분비된 효소가 음식을 분해하여 인간에게 유독한 물질을 만들게 된다.

일반적으로 식중독에 걸리면 며칠 사이에 회복되기는 하지만, 식중독 증상은 사람을 몹시 괴롭게 한다. 그토록 고통을 당하는 것은 미생물의 독소가 그만큼 지독하다는 증거이다. 이러한 식중독의 독소는 위와 장에 암을 일으킬 위험도 있다.

음식에서 나는 악취와 부패한 상태를 보면 이런 식품을 먹으면 위험하다는 것을 알 수 있다. 미생물들은 기온이 높을수록 더 빨리 증식한다. 어떤 사람들은 냉장고에 넣어둔 음식은 오래 두어도 상하지 않고 식중독을 일으키지 않을 것이라 생각한다. 그러나 미생물 중에는 온도가 섭씨 0도 가까이 낮더라도 번식을 계속하는 것이 있다. 낮은 온도는 미생물의 증식 속도를 훨씬 늦추어줄 뿐이다.

저온보관의 좋은 점은 세균에서 분비되는 효소들의 화학반응 속도가 아주 느려진다는 것이다. 저온 조건은 세균의 번식을 막고 또한 음식을 분해하는 효소의 작용을 둔화시키는 것이다. 가정의 냉장고는 섭씨 3~6도의 온도를 유지하고 있다. 이런 온도에서라면 유제품이나 육류를 1주일 정도 잘 보관할 수 있다. 만일 냉장고 온도 영하 10도 이하로 한다면 미생물의 활동은 거의 정지하기 때문에 장기보관도 가능해진다.

음식물을 오래 보관하는 방법으로 효과적인 것은 가열하기, 건조시키기, 절이기 등이 일반적이다. 주부들은 죽이라든가 국을 좀 더 보존하기 위해 하루에 두 세 차례 데우는 방법을 쓰고 있다. 음식을 데우면 미생물의 몸을 이루고 있는 단백질이 굳어버려 죽게 된다. 일단 이렇게 살균된 음식 속에서 미생물들이 새로 번식하려면 긴 시간이 걸린다.

조리한 음식을 냉장고에 넣지 않은 상태에서 오래 보관하려면 일단 끓이거나, 데운 음식 위에 뚜껑을 확실하게 덮어두는 것이다. 뚜껑은 미생물이 공중으로부터 들어가는 것을 막아주기 때문에 보관시간을 훨씬 길게 연장시켜준다.

우리는 많은 음식을 말린 상태로 보관하고 있다. 포도를 건조시킨 건포도는 맛도 아주 좋아진다. 그러나 햇볕에 말리는 동안 자외선에 상당량의 비타민(특히 비타민C)이 파괴된다는 것을 알아둘 필요가 있다. 자외선은 대단히 강력한 화학반응력을 가진 빛이기 때문에, 강한 자외선을 오래 쪼이면 플라스틱도 삭아버린다. 자외선은 살균력이 있으며 피부에 암을 유발할 수도 있다.

통조림은 음식보관법으로 아주 훌륭하다. 10년 전에 만든 통조림을 지금 먹어도 이상 없을까? 통조림이 세상에 처음 나온 것은 1800년대 초 프랑스에서였다. 사람들은 통조림이 발명된 당시부터 통조림의 보관기간에 대해 의문을 가졌다. 미국의 한 통조림 회사는 1824년에 만든 송아지 고기 통조림을 14년 뒤인 1838년에 열어서 12마리의 쥐에게 10일 동안 먹여보았다. 쥐들은 아무 이상 없이 잘 먹고 지냈다.

1900년대 초에 시베리아 동토 속에서 한 탐험대가 5만 년 전에 살았던 매머드를 발굴하게 되었다. 그 매머드는 아직도 그 살이 상하지 않고 있었다. 탐험대는 매머드 살을 개들에게 먹여보았다. 이상이 없자 그들도 먹었다. 아마도 그 매머드 고기는 가장 오래 보존된 음식이었을 것이다. 그때 발견된 매머드는 발굴장소에서 아무것도 남기지 않고 썩어 없어지고 말았다.

식품첨가물들은 암에 안전한가?

가공식품에는 식품첨가물이라는 것이 흔히 들어 있다. 식품첨가물로 잘 알려진 것은 빵이 부패하는 것을 막기 위해 넣는 프로피온산나트륨과 같은 방부제이다. 방부제가 인체에 좋지 않다는 것은 늘 강조되는 건강상식이다.

식품첨가물로 일찍 등장한 것이 옥소 첨가 식염이었다. 이것은 1920년대에 나왔다. 그리고 1930년대에는 우유에 비타민D를 첨가하여 뼈의 발달과 구루병을 방지하도록 했다. 그리고 식물성 버터인 마가린에는 비타민A도 넣게 되었다. 마가린에는 천연 버터와는 달리 비타민A가 없기 때문이다.

식품첨가물에는 영양 첨가제, 방부제 외에 식용색소가 있다. 식품첨가물로 인정되려면 부작용이나 불임증 요인 그리고 발암성이 있으면 안 된다. 오늘날 식품의약청이 하는 가장 중요한 일의 하나가 식품첨가물의 안전에 대한 조사이다.

우리들이 먹은 음식은 소화기관에서 소화효소의 작용으로 아주 작은 분자상태로 분해된다. 소화효소라는 것이 얼마나 놀라운 힘을 가졌는지 단적인 예를 하나 보자. 화학자가 단백질을 아미노산으로 바꾸려 한다면, 강한 염산 속에 단백질을 넣고 섭씨 170도에서 18~24시간 반응시킨다. 그러나 소장(小腸)에 있는 효소는 중성(中性)이나 약 알칼리성 매질(媒質) 속에서 단 3시간 만에 소화해버린다. 그것도 체온이라는 낮은 온도 조건에서 말이다.

우리의 위벽에서는 펩신이라는 단백질 분해 효소와 염산이 분비된다. 펩신과 염산은 함께 작용하여 단백질을 아미노산으로 만들어 장벽에서 흡수되도록 만든다. 위액 속에 포함된 염산은 목구멍을 넘어온 음식 속의 병균이나 부패균을 모두 죽이는 역할도 한다. 입으로 들어온 음식이 모두 배출되기까지는 장시간이 걸린다. 그러므로 위장에서 부패균을 바로 살균하지 않는다면 장내에서 음식이 부패하게 될 것이다.

감정은 소화에 영향을 준다

사람들은 감정과 소화 사이에 밀접한 관계가 있다는 것을 스스로 느끼고 있다. 식사하는 사람의 감정 상태가 위의 작용에 영향을 주는 것은 확실하다. 나쁜 감정은 타액 분비를 줄이고 위의 연동운동에 장해를 준다. 예를 들어 공포감은 위의 수축운동을 더디게 하여 음식물이 위안에서 느리게 이동하도록 한다. 반대로 분노와 증오의 감정은 연동속도를 빠르게 한다. 만일 음식이 위안에서 충분히 소화되기도 전에 빨리 위를 통과하여 소장으로 들어가게 되면 소화불량증이 된다.

정상적인 경우, 위에서 어느 정도 소화된 음식을 보면 죽탕 같은 상태로 되어 있다. 이 죽탕은 위장과 소장 사이의 연결부인 유문괄략근이라는 밸브를 통해 소장의 첫 부분인 십이지장으로 조금씩 들어가게 된다. 소장은 그 길이가 거의 7m나 된다. 소장 입구에 막 들어선 죽탕은 영양분이 아직 다 소화되지 않은 상태에 있다. 전분도 아직 단당류로 변하는 과정에 있고, 지방질도 큰 분자상태이다. 단백질도 산산이 부서지기는 했으나 완전히 아미노산으로 분해되지는 않았다.

소장 속에 들어온 지방을 소화시키는 것은 간에서 나오는 담즙이라는 액체이다. 이 담즙은 큰 지방분자를 잘게 쪼개어 우유처럼 만든다. 그리고 췌장과 소장 벽에서도 중요한 소화효소들이 나온다. 이들은 담즙과 협력해서 음식물의 영양분을 흡수 가능한 상태로 모조리 바꾸어 놓는다. 그러나 무기질과 비타민은 본래 모습 그대로 변하지 않고 몸에서 흡수된다.

소장을 지나 대장으로 이동하기 전에 소화된 영양소는 95%가 소장 벽에 돋아 있는 융모(絨毛)라는 작은 돌기에서 흡수된다. 융모 안은 모세혈관으로 가득하다. 영양분은 모세혈관을 따라 큰 혈관으로 이동한 다음 인체 모든 세포로 전달된다.

또 상당량은 영양분은 간으로 운반된다. 인체가 복잡한 화학공장이라면, 간은 중요한 처리공장인 동시에 영양분의 저장고이다. 간에서는 여러 가지 효소가 나온다. 이 효소들은 소화기관에서 보내온 영양분을 원재료로 해서 인체의 모든 세포에서 필요한 여러 가지 물질로 만들어진다. 그러므로 간에 문제가 생긴다면 바로 이러한 영양분 화학처리작업이 일어나지 못하게 된다.

지방분이 많은 밀크셰이크를 마신 뒤에 혈액 샘플을 취해 조사해보면, 혈액에 많은 지방이 포함되어 뿌연 크림처럼 보인다. 그러나 2, 3시간 뒷면 지방이 모두 세포에서 흡수되고 피는 맑아져 있다.

인체는 이렇게 소화 흡수한 영양분을 적절한 속도로 산화시켜 활동에 필요한 에너지를 얻으며, 호르몬이라든가 효소의 생산, 죽은 세포의 재생 작업 등에 쓰이게 된다. 만일 누군가가 불고기 1인분을 먹은 다음, 그 불고기를 체내에서 순식간에 태워 에너지로 변화시킨다면 그는 어떻게 될까? 곧 죽고 만다. 왜냐하면 체온이 36도보다 당장 20도나 더 올라갈 것이기 때문이다. 인간은 체온이 40도만 되어도 생명이 위태로운 상태에 이른다.

무엇인가 모자라는 음식물

매일 먹는 음식에서 무언가가 모자라면 병에 걸린다는 것은 상식이다. 그러나 이런 지식을 갖게 된 것도 20세기에 들어온 뒤이다.

1535년 프랑스의 탐험가 쟈크 카르티에가 이끄는 탐험대는 뉴펀들랜드 연안에서 식민지를 개척하고 있었다. 이때 그의 부하 110명 가운데 100명이 괴혈병으로 쓰러졌다. 지금은 그것이 비타민C 결핍증이라는 것을 알지만, 당시로서는 모두가 그저 죽을 날만 기다리고 있었다. 카르티에 탐험대가 전멸하기 직전에 그 지방에 사는 인디언이 그들을 발견했다. 인디언 장노는 그들의 증상을 알고 죽어가는 선원들에게 가문비나무 잎을 짠 즙을 먹도록 했다. 장노 덕분에 그들은 모두 구조되었다.

과거에 오래도록 선상생활을 하는 선원들이 잘 걸린 괴혈병은 사람의 기력을 완전히 잃게 만들고 빈혈상태가 되게 한다. 내출혈이 생기고 모근에서도 피가 흘러나와 혈액을 잃게 한다. 그 결과 상처가 나면 낫지도 않는다.

의학의 발달사에서 비타민 연구자의 선구자인 미국의 매컬럼 이야기는 매우 유명하다. 1879년 캔자스주 포트스코트 부근에서 태어난 매컬럼은 생후 1년이 되었을 때 이름 모를 병에 걸려버렸다. 나을 가망이 없자 가족들은 포기한 상태에 있었다. 그러던 어느 날 아픈 아기를 무릎에 앉히고 사과껍질을 벗기던 어머니는 보채는 아기를 달래기 위해 손에 사과껍질을 쥐어주었다. 아기는 그것을 정신없이 먹었다.

"무언가 몹시 먹고 싶은 것이 있으면 몸이 그것을 요구하기 때문이다"라는 신념을 가지고 살아온 아기의 어머니 키드웰 매컬럼은 그날부터 매일 아기에게 사과껍질을 먹였다. 며칠이 지나자 아기의 용태는 크게 호전되었다. 그 다음에는 아기에게 산딸기 주스와 야채도 먹었다.

이렇게 하여 살아난 매컬럼은 그 뒤 훌륭히 성장하여 캔자스대학에 진학했고, 예일대학에서 박사학위를 받았다. 1907년 그는 위스컨신대학 농학부 교수가 되어 그때부터 영양학 실험에 몰두했다. 그가 비타민A의 존재를 발견한 것은 1912년이었다. 매컬럼이 그이 어머니로부터 사과껍질을 받아먹고 죽음 직전에서 살아난 뒤 거의 50년만의 일이다.

비타민A는 이렇게 발견되었지만 비타민B의 발견은 보다 어렵게 이루어졌다. 펠라그라라는 병에 걸리면 피부에 홍반이 생기고 혓바닥이 빨갛게 되며 구강염, 소화불량, 구역질, 허약, 신경과민, 심한 설사 등의 증상이 나타난다. 과거에 서양에 특히 많던 병이다.

펠라그라의 원인이 비타민B에 있다는 사실을 밝힌 사람은 미국공중위생국 의무관이던 골드버그이다. 그는 병원의 의사와 간호사는 펠라그라에 걸리지 않는데 입원한 환자들이나 고아원 원아들 중에 환자가 많은 것을 이상하게 여겼다. 그 원인을 찾던 중 펠라그라에 걸리지 않는 사람들은 우유, 버터, 계란, 고기 등을 자주 먹고 있었고, 입원환자들이나 고아원 아이들은 곡류, 옥수수빵, 당밀, 소금에 절인 돼지고기 비계, 고기국물 같은 단조로운 음식을 먹고 있다는 것을 알게 되었다.

그는 오랜 조사와 실험 끝에 펠라그라를 예방하는 물질이 효모 속에 대량 있다는 것을 알아냈다. 그러나 그는 펠라그라의 원인이 비타민B 복합체 부족 때문이라고 확실히 밝히기 전인 1929년에 유감스럽게도 암에 걸려 세상을 떠났다. 그의 연구 마무리는 1937년에 이루어졌다.

골드버그가 펠라그라를 연구하던 당시에 있었던 재미난 에피소드가 있다. 그는 펠라그라 원인이 음식에 있다는 것을 알고 임상실험 대상자 12명을 잭슨시 교도소에서 모집했다. 물론 임상실험에 참가하는 사람은 감형으로 6개월 뒤에 퇴소할 수 있었다.

수많은 죄수가 지원했다. 그러나 건강한 죄수 12명만 선발하여 그들에게는 펠라그라가 잘 일어나리라고 예상되는 단순한 음식만 먹었다. 식사량에는 제한이 없었다. 죄수들은 늘 배불리 먹을 수 있었으며, 노동도 하지 않아도 되고, 잠자는 방도 깨끗하여 더없이 좋았다. 그러나 몇 주일을 잘 지나자 죄수들은 통증, 위통, 현기증, 적설(赤舌) 등의 펠라그라 초기 증상이 드러났다. 5개월째에 접어들자 죄수들은 하나같이 쇠약한 몸에 피부 홍반까지 나타났다. 이렇게 하여 펠라그라의 원인은 영양분이 고르지 못한 음식물을 오래 동안 먹기 때문이란 것을 확실히 알게 되었다.

그러나 임상실험 동안 펠라그라에 걸린 임상실험 죄수들을 치료해주지는 못하고 말았다. 왜냐하면 실험에 참가한 모든 죄수들이 그 동안 먹은 음식과 골드버그에게 너무나 질린 탓으로, 출옥 특사가 내리자마자 그대로 모두 도망가듯 떠나버렸기 때문이다.

과식과 포식이 만드는 위험한 병

20세기가 되기 전까지만 해도 국민 모두가 충분히 식사를 보장받을 수 있는 나라는 지구상에 하나도 없었다. 기아는 역사상 언제 어디서나 가장 두려운 위협이었다. 1846년부터 1849년까지 아일랜드에서는 감자의 병충해로 인한 흉작 때문에 100만 명 이상이 아사하고 200만 명 이상이 국외로 나가야 했다.

그러나 21세기에 이른 지금은 포식으로 지나치게 살이 쪄버린 사람들의 문제로 고민하는 나라가 여럿 있다. 과체중은 몸이 무겁고 둔하다는 그 자체로도 불편하지만 당뇨병, 심장병, 신장병 같은 만성병에 걸리기 쉬운 원인이 된다. 또 지방질이 많은 음식은 동맥경화증을 일으키는 확률을 높게 하고, 이 동맥경화증은 심장발작이나 뇌졸중으로 연결된다.

부자 나라에는 심장병 중환자가 많다. 그들의 원인은 대부분 영양 과잉에 있다. 미국 보험회사가 만든 남성사망률 표를 보면, 정상체중보다

10% 초과하면 사망률은 5% 높아지고, 20%를 넘는 사람은 25%, 30% 이상이면 42%로 각각 사망률이 올라가고 있다. 그런데 여자의 경우는 이보다 수치가 조금 낮게 나타나기는 하지만 위험함에는 변함이 없다.

한마디로 과체중은 조기사망 확률을 높인다. 정상체중이란 그 사람의 연령과 신장, 골격 등에 따라 차이가 있지만, 아무튼 의사가 지적하는 정상체중보다 10~19% 무거우면 과체중이고, 20%를 넘으면 비만이라고 생각해야 한다.

과체중, 비만이 되는 이유는 신체가 필요로 하는 칼로리보다 더 많은 영양을 섭취한 결과이다. 과도한 영양은 지방이라는 형태로 몸의 특별한 저장소인 지방세포에 비축되었다가 언제라도 에너지가 더 필요하면 이들 저장소로부터 나와 연료로 사용된다.

만일 평소 칼로리 섭취량이 몸의 요구량보다 많다면, 지방세포가 커지기도 하지만 지방세포 수도 늘어나 심장이나 신장의 주변, 장관(腸管) 가까이 그리고 피부 아래 등에 지방침착층을 이루어 쌓이게 된다.

과체중인 사람은 거의가 식욕이 대단하다. 그들은 시장기를 다른 사람보다 더 견디기 어려워한다. 가뜩이나 과체중인 사람이 왜 음식을 절제하지 못하고 과식하게 만드는가 하는 의문은 그 대답을 아직 확실히 모르고 있다.

몇 가지 예를 보자. 어떤 사람은 심리적인 요인이 체중에 큰 영향을 미친다. 그런 부류의 사람은 긴장, 불안, 욕구불만, 권태, 소외감 같은 심리적 부담이 생기면 잔뜩 먹어 그것을 완화시키고 있는 것처럼 보인다. 말하자면 식탁의 즐거움으로 자기의 불행을 벌충한다 하겠다.

유전적으로 살찌기 쉬운 체질을 가진 경우도 더러 발견되고 있다. 과체중인 어린이들의 가족을 보면 많은 경우 그 부모와 형제들까지 비만형이다. 이런 가정을 보면 비만 경향이 유전자에 의해 전해진다는 생각도 든다. 그러나 꼭 그렇지가 않은 예도 있기 때문에 문제의 답이 어려워진다.

현대에 와서 비만 인구가 늘어나게 된 것은 근육 대신에 기계가 일하게 된 데 가장 큰 원인이 있다. 노동을 하더라도 손이나 발로 하지 않고 앉은 채로 하는 일이 많아지고, 자동차가 늘어나면서 걷는 양도 아주 줄었다.

뇌의 사상하부라는 곳 어디쯤에는 히포탈라무스(hypothalamus)라고 하는 식욕조절장치가 있다. 이것에는 '먹고싶다'는 욕구를 일으키는 공복중추(또는 급식중추)와 반대로 '배부르다'를 느끼는 만복중추 두 가지 중추가 있다. 정상적이라면 음식에 대한 요구가 충족되면 만복중추가 공복중추에 신호를 보내 더 이상 공복감을 느끼지 않도록 한다. 그러나 만복중추가 제대로 동작하지 않으면 그는 '언제 먹기를 중단해야 할지' 모르게 된다.

인체에서 이 식욕조절장치를 작동시키는 것은 혈액 속의 혈당량이다. 식사한지 오래 되어 혈당이 줄면 공복중추가 배고픔을 느끼기 시작하는 것이다. 그러나 몹시 바쁘거나 어디에 열중해 있다 보면 점심 생각도 잊어버린다. 공복중추가 시장기를 망각한 것이다. 그러다가 다음 식사 때쯤에 가서 다시 공복을 느끼게 된다.

의학자들은 쥐를 대상으로 공복중추와 만복중추를 인위적으로 파괴하는 방법으로 여러 가지 실험을 하고 있다. 예를 들면 만복중추를 파괴당한 쥐는 정상 쥐보다 2~3배나 더 먹어 6~12개월 사이에 체중이 다른 쥐의 5배로 늘어나기도 한다. 그러나 반대로 공복중추를 파괴당한 쥐는 음식을 앞에 두고도 먹지 않아 굶어 죽어버린다.

중증의 정신지체장애자 중에는 만복중추가 고장 난 듯한 현상이 자주 관찰된다. 그런 아이는 무제한으로 끝없이 먹는다. 더욱 놀라운 것은 그렇게 먹어도 소화를 잘 시킨다는 것이다. 그런 장애자를 보호하는 사람은 그들이 너무 먹어 과체중이 되지 않도록 신경 써야 한다.

다이어트는 적게 먹고 많이 운동해야 성공

'먹어라', '먹지 말라'하는 명령을 우리 몸에 자유로 내릴 수 있는 약품을 약국에서 마음대로 살 수 있다면, 체중감량을 위해 노력하는 사람들이 대단히 반길 것이다. 만일 그런 다이어트 약이 있다면 희망하는 체중이 될 때까지 먹으면 될 것이다. 그러나 그런 약이란 있을 수 없다. 체중을 줄이는 유일한 방법은 저칼로리 식사와 운동뿐이다.

인체는 섭취하는 칼로리보다 소비하는 에너지가 많으면 저장되어 있던 지방을 서서히 꺼내 사용하고, 마침내 축적된 지방을 쓰고 나면 날씬한 정상체중이 된다.

근래에 와서 다이어트 산업이 대단히 발전하고 있다. 다이어트 방법도 여러 가지 소개되어 있다. 그 어떤 방식이라 하더라도 그것이 저칼로리 섭취, 저장에너지를 충분히 소비하는 운동 그것이 아니면 설령 체중감소가 되더라도 다른 건강상에서 피해를 크게 입고 있을 것이다.

감량을 위한 식사내용은 자기 스스로 아무렇게나 정해서는 안 된다. 왜냐하면 저칼로리 식사이면서도 영양적으로 균형이 잡힌 음식이어야 건강을 제대로 유지하면서 감량할 수 있기 때문이다. 바람직한 다이어트 식단에는 인체가 필요로 하는 45종의 필수 영양소가 적절한 비율로 들어 있어야 하며, 영양적으로도 어느 것이 많거나 적지 않게 균형이 잡혀 있어야 한다.

비만 인구가 많은 미국에서 의사들이 권하는 감량 식단 한 예를 아래에 소개한다. 이 식단은 국제체중감시자협회에서 만든 것이다.

아침 - 그레이프 프루츠 반개, 계란 1개(또는 설탕 타지 않은 아침식사용 시리얼 30그램과 탈지유 한잔), 식물성 마가린을 바른 보리빵 한 조각, 설탕 벗는 커피나 홍차.

점심 - 닭 또는 생선요리 85~110그램, 야채(토마토, 샐러리, 시금치 따위) 1가지, 탈지유 1잔, 보리빵 한 조각(마가린 바른 것), 사관 오렌지 1개, 커피 또는 홍차 설탕 없이 한잔.

저녁 - 닭, 소, 돼지, 생선요리 중 한 가지 110~170그램, 야채(오이, 그린피스, 당근, 꼬투리째 먹는 강낭콩 등)2가지, 과일 1개(딸기는 반 컵 분량), 탈지유 한잔, 커피 또는 홍차 설탕 없이.

위의 식단은 일반적인 사람이 하루에 섭취해야 할 칼로리보다 800칼로리 정도 적기 때문에 감량효과가 확실하게 나타난다. 이 방법이면 1주일에 평균적으로 1.1kg 정도 준다. 이 정도 감량은 급격한 것이 아니기 때문에 감량의 고통이 덜하다. 따라서 인내심을 가지고 오래 계속하면 효과를 기대할 수 있다.

일반적으로 체중 증가를 막으려면 아침과 점심은 충분히 먹더라도 저녁을 적게 들어야 한다. 또 식사시간이 되기 전에 시장기를 견디기 어렵다면 간식으로 과일이나 야채를 먹어야지 과자나 감자칩 등은 영양가가 너무 높다.

이런 식이요법만으로는 감량이 제대로 되지 못하는 사람이 있다. 일반적으로 과체중인 사람은 운동부족인 경우가 많은데, 적당한 운동습관을 들이지 않으면 체중조절이 더욱 어렵게 된다. 감량을 위해 의사가 권하는 운동은 그렇게 과중한 것이 아니다.

보통 우리가 5km를 걸으면 140칼로리의 에너지가 나간다. 만일 1시간 조깅을 한다면 400칼로리가, 1시간 수영은 550칼로리가 소비된다. 가정에서 30분간 전기청소기를 돌리면 100칼로리가 빠져나간다. 이런 운동 한 가지만을 한다면 체중조절에 별 도움이 될 것 같지 않게 느껴진다. 그러나 어떤 종류의 동작이나 운동이라도 움직이기만 하면 에너지가 소모되는 것이므로 사소한 집안일이나 걷기, 청소, 물주기, 손빨래, 집수리 등 이런저런 일을 하다 보면 결국 큰 에너지를 소모하게 된다.

운동을 하면 혈액순환도 좋아지고 심리적으로도 안정을 주며, 스스로 건강하다는 기분을 갖게 된다. 이와 같은 심리는 감량하는데 매우 중요하다. 왜냐하면 체중 조절을 결심한 사람이 자신의 컨디션이 좋다고 느끼면, 감량식이나 운동을 더 적극적으로 할 의지를 강화할 수 있기 때문이다.

운동도 즐거운 마음으로 할 때 제대로 몸이 움직여 감량 효과가 더 난다. 억지 체중감소를 위한 여러 가지 수동적인 운동기구가 나오는 것을 본다. 능동적인 노력보다 효과가 적게 나겠지만, 그렇게 해서라도 감량하고 몸매를 가꾸는 것이 중요한 것이다. 아무튼 이상적인 다이어트 방법은 적게 먹고 많이 운동하는 것이다.

만일 변비에 쓰는 약이나 약초 등을 복용하여 감량하려 한다면 위험이 따른다. 강제로 배설하게 하는 것은 자신의 몸에 병을 만들고 있는 행위이다. 즉 몸 스스로 정상적인 생리 기능을 하지 못하여 머지않아 오히려 배설작용에 역기능을 가져올 것이기 때문이다.

동맥경화증과 콜레스테롤

과식이 가져오는 첫 번째 병은 비만이고, 두 번째 질병은 아테롬성 동맥경화증에 걸리기 쉽다는 것이다. 과체중은 다이어트와 운동으로 치료할 수 있지만 동맥병은 고치기가 어렵다. 이 동맥병은 혈관 내에 플라크(plaque)라는 지방 침착물(沈着物)이 달라붙는 병이다.

플라크가 혈관 벽에 쌓이면 혈관이 좁아들어 혈액 흐름에 방해를 받게되며, 이런 상태가 심하면 협심증이라는 고통스런 질병을 얻게 된다.

더 위험한 것은 플라크가 혈관 안에서 덩어리가 되어 피의 흐름을 막아버리는 일이다. 만일 이것이 심장으로 가는 혈액 흐름을 가로막는다면 심장발작을 일으키며, 뇌로 통하는 동맥에서 그런 일이 일어나면 뇌졸중이 된다.

아테롬성 동맥경화증에 걸린 사람의 동맥 지방 침착 물을 분석하면 반드시 콜레스테롤이 들어 있다. 콜레스테롤은 정상적인 인체의 신경조직, 혈액, 담즙에 항상 함유되어 있는 물질로서, 그리스어의 담즙(chole)과 단단한 형태(stereos)라는 말에서 생긴 용어이다. 콜레스테롤은 담즙을 만드는 원료의 하나이며 지방 흡수에 한 몫 하는 평상시 필요한 물질이다.

이것은 간장에서 만들어져 혈액으로 들어가기 때문에 피 속에서 그 농도를 잴 수 있다. 콜레스테롤에 대한 이론과 연구는 지금도 복잡한 문제이다. 아무튼 일반적인 견해로 동물성 지방질을 많이 섭취하는 사람들이 콜레스테롤 치를 높게 나타낸다.

통계적인 조사 결과 고혈압인 사람은 정상인보다 관상동맥성 심장병에 3배나 걸리기 쉽고, 뇌졸중은 7배 이상 발생하는 것으로 알려져 있다. 과식, 과체중, 고혈압, 심장병, 뇌졸중 이런 것들에 대한 연구는 아직도 많은 과제를 안고 있다.

음식물에 대한 근거 없는 미신이 범람

사람에 따라 다르지만, 어떤 분은 '특별한 음식물에는 특별한 힘이 있

유기영농법에서는 화학비료와 농약을 쓰지 않고 작물을 재배한다.

다'는 생각이 매우 강하다. 그런 사람들은 무엇이 몸에 좋다는 소문을 들으면 찾아 나선다. 가난한 사람은 그럴 수도 없지만. 문제의 음식을 실험실에서 화학분석 해보면 아무런 증거도 없고 오히려 건강에 해로운 것인데도 말이다. 사실 우리 주변에는 '음식물에 대한 미신'이 너무 많이 널려 있다. 간이 나쁜 사람은 다른 동물의 간을 먹으면 좋아지고, 눈이 나쁜 사람은 눈을 먹으면 밝아진다는 생각도 대표적인 음식 미신 가운데 하나이다.

세상에는 음식물에 대한 유언비어에 잘 넘어가는 사람을 찾아다니는 식품사기꾼이 있게 마련이다. 그들이 노리는 사람이 바로 음식 미신자들이다. 과거에는 건강식을 과대선전 과장광고하여 파는 것이 문제였으나 지금에 와서는 아름다워지려고 하는 여성들을 대상으로 하는 다이어트 방식 선전에 많은 문제점이 드러나고 있다. 이것은 스스로 잘 판단해야 할 일이다.

주변에는 채식주의자가 가끔 있다. 가장 오래되고 널리 보급된 유행식이 채식이다. 고기를 전혀 먹지 않고 심한 경우 우유, 버터, 치즈, 계란 같은 동물성 식품까지도 먹지 않는 완고한 채식주의자도 있다. 가장 오래된 채식주의자는 인도의 힌두교도들이다.

채식주의자로 유명한 사람 중에는 톨스토이도 있고, 영국의 극작가 버나드 쇼가 있다. 버나드 쇼는 25세 때부터 육식을 중단하여 94세에 세상을 떠났다. 그가 육식을 거부한 이유는 첫째 동물애호가라는 점이고, 둘째는 "나와 같은 정신적 인간은 송장을 먹지 않는다"는 것이었다. 특히 그는 "육식은 인간을 동물의 노예가 되게 한다. 아이를 키우고 일을 해야 할 인간이 소 기르기, 양 기르기, 젖 짜기, 도살 같은 일을 하게 된다"는 생각을 가지고 있었다.

세상의 채식주의자들은 흔히 버나드 쇼의 장수를 증거삼아 그들의 식습관이 건강과 장수로 이어진다고 주장한다. 그러나 영양학자의 입장에서 볼 때 채식이 반드시 나쁘다고 말하지는 않지만, 채식주의자에게 염려하는 문제가 있다. 그것은 채식주의자에서 나타나는 비타민B12부족 현상이다. 이 비타민은 인체 내에서 합성되지 않으므로 체외로부터 직접 먹어야 한다. 그러나 동물성 식품이 아니면 비타민B12가 들어있지 않다. 만일 이것이 부족하면 어린이들은 성장이 중단되고 어른들은 설염, 등 허리의 경직, 신경장애 증상 등이 나타난다.

시장의 건강식품은 잘 알고 먹어야 한다

음식물에 대한 그릇된 견해가 너무 널리 퍼져 있다. 과학이 이처럼 발달한 오늘날에도 음식물에 대한 유언비어의 종류가 여전히 많다. 대표적인 예를 몇 가지만 들어보자.

'무엇과 무엇은 같이 먹으면 안 된다'든가, '이러이러한 식품은 혈액을 산성으로 만든다, 무엇은 머리를 좋게 한다, 무얼 먹으면 정력을 강하게 한다'는 소문은 거의 근거가 없는 말들이다.

그런가 하면 수백 년 전 농경시대에 기록된 오래된 의서가 지금도 한 줄 고치지 않고 경전(經典)처럼 맹신되는 경우를 자주 본다. 우리 사회에는 어떤 병에 무엇이 좋다는 근거가 약한 이야기가 너무 많다. 일부 건강식품 사업자들은 과장된 선전을 가리지 않는다. 만병통치약이 주변에 범람하고 있다. 심지어 노인들을 상대하여 사기적인 방법으로 만병통치약을 팔다가 물의를 일으키는 일은 지금도 계속되고 있다.

신문이나 방송에서 소개된 내용이면 무조건 그대로 믿어버리는 사람들이 많다. 취재기자들이 소개하는 내용은 단시간에 조사 기록한 것이어서 잘못 파악된 내용이 보도되는 경우가 있다는 것을 인정해야 할 것이다. 또 그들은 광고를 교묘하게 기사인 것처럼 가장하기도 한다.

화학비료라든가 농약이 해롭다 하여 퇴비 이른바 유기비료만으로 재배한 농산물만 먹는 사람들이 늘고 있다. 유기 비료로 재배한 농산물은 값이 비쌀 수밖에 없다. 그러나 유기농산물이라고 믿고 더 많은 돈을 주고 산 채소가 과연 농약을 전혀 쓰지 않고 재배한 것인지 확인하기 어려울 때가 많다.

그리고 화학비료가 작물에 반드시 나쁘다고 말해서도 곤란하다. 최근 우리 농민들의 농사기술이 대단히 발전하여 거의가 유기농사에 가깝도록 농산물을 키운다 해도 과언이 아닐 것이다. 농약을 전혀 쓰지 않고 농사를 한다는 것은 정말 어려운 일이다. 설령 농약을 쓰지 않는다 하더라도 그 밭에서 사용하는 퇴비에 이미 농약이 잔재해 있고 그것이 식물에 흡수될 수 있다. 일반적인 소비자들로서는 과일이나 야채에 남은 농약성분이 되도록 많이 떨어져나가도록 물로 잘 씻어먹도록 해야 할 것이다.

비만자들은 감량식품의 유행에 아주 잘 넘어가 감량용 정제를 사먹기도 한다. 이런 약품 중의 암페타민 같은 화학제는 뇌의 식욕제어중추를 방해하여 식욕을 둔화시킨다. 그리고 메틸셀룰로스와 같은 만복감을 주는 불활성 화학물질도 있다. 이런 약제들은 일시적으로 만복감을 주어 잠시 허기의 고통을 잊게 하지만, 다음 식사에서 과식하게 되어 아무 소용이 없어지고 만다.

다이어트 약제 중에는 먹으면 칼로리 소비 속도가 빠르도록 한 것도 있다. 인체의 생리현상을 약제로 강제 조절하다간 어떤 위험을 당할지 모른다. 또 이뇨제를 감량약품으로 주기도 한다. 이뇨제는 몸의 수분이 빨리 배출될 뿐이지 체중조절에는 아무런 도움이 되지 않는다.

한동안 "탄수화물만 아니면 고기고 뭐고 원하는 대로 먹어도 된다"는 소위 황제감량법이 크게 소개된 적 있다. 이 요법은 어떤 유명인이 실천하여 성공했다 하여 인기를 끌기도 했으나, 알고 보면 1970년대에 미국에서 한동안 유행한 식이요법이다. 단백질과 지방은 먹으면 금방 소비되지만 탄수화물은 지방조직에 저장된다고 하는 주장을 근거로 한 감량요법이다.

그러나 이 견해는 사실과 다르다. 지방과 단백질이 가득한 음식은 만복감을 빨리 주기 때문에 자연히 소식하게 하여 칼로리 섭취량을 적게 할 수 있다. 그러나 이 방법을 계속하다가 탄수화물 섭취량이 지나치게 부족하게 되면 '케톤증'이라는 병이 생길 수 있으며, 비타민C, 어떤 무기물, 필요한 섬유질 따위가 결여될 위험이 있다. 지방질을 체내에서 분해하려면

한국의 대표적 건강식품인 인삼에는 겔마늄도 다량 포함되어 있다.

일정량의 탄수화물도 있어야 한다. 만일 그것이 부족하면 지방질로부터 유도된 케톤체라고 하는 화합물이 혈액에 생겨나므로, 인체는 몹시 불쾌감을 느끼는 증상을 만나게 된다. 이것이 케톤증이다.

혐오식품은 생명을 위협한다

건강식품을 너무 좋아해 때로는 국제적 나라망신까지 시키는 예를 보아왔다. 만일 그분들이 건강식품에 대한 상식을 조금만 더 가졌더라면 그런 일은 없었을 것이다. 그런데 이런 혐오식품을 즐기는 사람 가운데 암환자가 다수 발생한다는 것에 유의하지 않으면 안 된다.

이유도 없이 몸에 좋다는 말 때문에 귀중한 자연자원이 씨를 말리고 있다. 반달곰은 이미 찾을 수가 없고 수달, 오소리, 너구리 등의 야생동물과 황쏘가리, 어름치, 열목어 등의 물고기 그리고 몇 종의 새들이 멸종에 이르렀다. 심지어 겨울에도 깊은 계곡의 바위 밑을 뒤져 동면중인 개구리와 뱀까지 먹는 부끄러운 사람들이 있다.

더 안타까운 사람은 곰, 호랑이, 바다사자의 몸 일부를 구하느라, 또한 흰 뱀과 같은 특별한 짐승을 구하느라, 야생동물의 피를 찾아 거금을 아끼지 않는 분들이다. 세계적으로 곰, 사슴, 코뿔소(뿔), 물고기 종류인 해마(海馬) 등이 전혀 의학적 근거가 없는 이유로 수난을 당하고 있다.

세계의 약리학자들은 세상에 소문나거나 예로부터 전해온 민방약과 건강식을 모조리 조사하여 의학적 검정을 해오고 있다. 만일 어떤 것이라도 건강에 좋은 점이 발견되면 오늘날의 화학기술로 쉽게 대량생산하게 될 것이다.

지나치게 건강식을 좋아하는 사람들이 즐겨 찾는 이상한 먹거리를 '혐오식품'이라 부른다. 이것은 뱀이나 개구리, 어떤 벌레가 싫어서가 아니라 그런 식품을 먹는 사람들을 혐오한다는 뜻이다. 혐오식품업자는 도심에도 있고, 산속에서도 자주 만난다. 먹는 사람이 없어야 그들도 다른 직업을 갖게 될 것이다.

특수한 식품이나 건강보조식품을 써서 건강해지는 사람이 가끔은 있다. 그러나 그런 사람이라 할지라도 유능한 의사나 영양학자의 도움이 필요하다. 자칭 식품전문가라고 하는 거리에서 만난 낯선 사람들의 말과 행동에는 아무런 책임이 따르지 않는다.

우리는 살아가면서 언제 어디서 나쁜 음식을 자신도 모르게 만날지 모른다. 식중독은 세균에서 나온 독소가 인체 생리작용에 해를 미쳐 나타나는 현상이다. 이런 경우 인체가 중독 상태에서 빨리 회복되자면 면역기능이 활발하게 작용해야 한다.

우리가 평소 강한 면역력을 가지고 있다면 세균 독소로 오염된 음식을 먹더라도 가볍게 극복할 수 있을 것이다. 세균이 내는 독소는 본래 인체 세포를 죽이는 것이어서, 그것은 인체에 암을 일으킬 가능성도 있다. 그러한 독소 분자에 항체를 매달아 무해한 존재로 만드는 것도 우리의 면역 체계이다.

만일 세상에 만병통치약이 있다면 그것은 분명히 면역력을 강화시켜주는 것이다. 왜냐하면 인체를 침범하는 수많은 종류의 외적을 무찌르는 것이 바로 임파구라는 방위군으로 구성된 면역체계이기 때문이다.

투병력을 강화하는 플라세보 효과

버섯을 대량 재배하는 기술은 겨우 지난 반세기 동안에 이루어진 업적이다. 이제 그러한 식용버섯 재배기술은 건강버섯까지 대량 공급할 수 있도록 했다. 버섯은 최근에야 알려지기 시작한 미래의 건강식품이다.

그러나 유감스럽게도 수억 년을 지상에서 살아온 버섯까지 점점 사라져가는 운명을 맞게 되었다. 인간이 만들어낸 환경오염과 자연파괴가 버섯에게까지 영향을 미쳐, 다른 수많은 동식물과 마찬가지로 그 종과 수가 줄어들고 있기 때문이다. 버섯은 세계적으로 알려진 것이 3천여 종에 불과하다. 열대 밀림이나 오지에 자라는 버섯은 아직도 발견되지 않은 것이 더 많을지 모른다. 우리가 그러한 버섯을 찾아내어 그 속에 숨겨진 놀라운 물질을 연구해보기도 전에 오염과 산성비 등의 원인 때문에 귀중한 자연자원이 사라지게 된다는 것은 너무나 안타까운 일이다.

건강식품을 찾는 것은 그것을 먹어 여러 가지 병을 미리 예방하자는 데 목적이 있다. 그것처럼 이 책을 쓴 목적도 독자들이 어떤 종류의 버섯이든 독버섯만 아니라면 평소에 김치나 된장처럼 즐겨 드시어 자신의 건강을 잘 지키도록 하자는 데 있다.

의약자들은 새로 개발하는 약품을 임상실험할 때 꼭 플라세보 효과도 조사한다. 시험 대상자 일부에게 약성분을 넣지 않은 빈약을 먹도록 하여 그 치료효과를 지켜보는 것이다. 만일 진짜 약을 먹은 그룹과 빈약을 먹은 그룹의 치료효과가 같다면 그 약은 순전히 정신적인 효과(플라세보)를 내고 있을 뿐이다.

병의 치료에서는 플라세보 효과가 매우 중요하다. 암이라든가 면역과 관련된 질병이라면 더욱 필요할 것이다. 두터운 신앙심도 매우 좋은 결과를 주고 있다. 그러기에 버섯을 먹기로 한 사람에게는 버섯에 대한 신뢰가 필요하다. 환자에게는 보호자의 진정한 사랑의 간호도 큰 플라세보 효과를 준다. 항암버섯을 복용하여 건강을 회복하게 되는 분이 많이 나오게 되기를 기도한다.

**기적의 항암버섯
아가리쿠스**